サイエンス
ライブラリ　数　学＝31

位相入門

—距離空間と位相空間—

鈴木　晋一　著

サイエンス社

サイエンス社のホームページのご案内
http://www.saiensu.co.jp
ご意見・ご要望は　rikei@saiensu.co.jp　まで.

まえがき

大学で微分積分学を学んだあとに続く数学はいろいろあるが，その1つがユークリッド空間を拡張・一般化して，対象を拡げることである．その典型的な空間が本書の主題である「距離空間」であり，それをさらに抽象化・一般化した「位相空間」である．これらは，ユークリッド空間がもつ様々な特性のなかから，数学を展開するのに必要なもの，また本質的なものを取り出して構成されていく．この結果，数学の舞台もまた道具も広がり，新しい世界が拓けてくるというわけである．しかし，数学とは「難しい公式を使いこなして計算をするもの」であると思いこんでいる学生にとっては，相当に抽象的で，消化はなかなかに難しいようである．実際，数学を専攻する学生にとっても，1つの関門になっている場合が多くみられる．

本書は，このような空間を，ユークリッド空間に関する知識を基礎に，できるだけ丁寧に解説した入門書である．「参考文献」にもあげておいたが，位相空間に関する標準的な教科書はかなりたくさんある．しかし，多くの教科書は，相当に意欲的に，学部学生の段階ではお目にかからないような細かいことまで盛り込んである．それが，位相空間をますます消化しがたいものにしている一因ではないかと思う．

そこで，本書では，位相的性質をコンパクト性と連結性に絞り，これらを距離空間と位相空間の両方で，重複を厭わずに，書き込むことにした．これは，大部分の学生にとっては距離空間で十分であると思うからであり，また2回の学習によって少なくともコンパクト性と連結性については身に付くと考えたからである．

本書の執筆にあたり，サイエンス社の田島伸彦氏，鈴木綾子氏，渡辺はるか氏にはお世話になりました．ここに記して感謝いたします．

2004年　夏

著　者

目　次

第1章

基礎事項

ここでは，本書の主題である「距離空間」や「位相空間」を学ぶために必要で基礎的な事項を整理し，また記号・記法等の確認をする．その内容のほとんどは大学の初年度で学ぶ「微分・積分」で取り扱うものである．用語や記号などを確認しながら，気楽に読み進んでよい．また，必要に応じて参照されたい．

1.1 集 合

2 つの命題 P，Q の基本的な結合として，次の 4 つがある：

$P \wedge Q$ ：**論理積** (logical product，かつ)，P かつ Q である．

$P \vee Q$ ：**論理和** (logical sum，または)，P または Q である．

$\neg P$ ：**否定** (negation)，P でない．

$P \Rightarrow Q$：**含意** (implication)，P ならば Q である．

さらに，上の組み合わせで，次も仲間に入れる．

$P \Leftrightarrow Q$：**同等** (equivalence)，$(P \Rightarrow Q) \wedge (Q \Rightarrow P)$

$\wedge$，$\vee$，$\neg$，$\Rightarrow$，$\Leftrightarrow$ を論理記号ともいう．表現を簡潔に，しかも正確にするために，本書ではこれらの論理記号をしばしば使用する．

次の表は上の論理式の**真理値表**（真理表ともいう）である．以下ではこれを公理とする．これをもとに任意の論理式の真理値を計算できる．

論理式に含まれる命題変数が真か偽かにかかわりなく常に真理値が真 (T)

表 1.1 真理値表

P	Q	$\neg P$	$\neg Q$	$P \wedge Q$	$P \vee Q$	$P \Rightarrow Q$	$Q \Rightarrow P$	$P \Leftrightarrow Q$
T	T	F	F	T	T	T	T	T
T	F	F	T	F	T	F	T	F
F	T	T	F	F	T	T	F	F
F	F	T	T	F	F	T	T	T

となるような論理式を**恒真命題**，または**トウトロジー** (tautology) という．

論理式 $P \Leftrightarrow Q$ が恒真命題であるとき，論理式 P と Q は**同値** (equivalent) であるといい，次のように書き表すことにする：

$$P \equiv Q$$

定理 1.1 次が成り立つ：

(1) $\neg(\neg P) \equiv P$ （2重否定）

(2) $(P \Rightarrow Q) \equiv (\neg Q \Rightarrow \neg P)$ （対偶）

(3) $P \vee (Q \wedge R) \equiv (P \vee Q) \wedge (P \vee R)$ （分配律）

(4) $P \wedge (Q \vee R) \equiv (P \wedge Q) \vee (P \wedge R)$ （分配律）

(5) $\neg(P \vee Q) \equiv (\neg P) \wedge (\neg Q)$ （ド・モルガンの法則）

(6) $\neg(P \wedge Q) \equiv (\neg P) \vee (\neg Q)$ （ド・モルガンの法則）

数学の定理では「どのような $\cdots$」,「任意の $\cdots$」,「すべての $\cdots$」（この3つの形容詞は数学ではほとんど同義語として用いられる）および「存在する」という言葉を含むことが多い．このような定理を形式化し，論理式の形で表現するために，2つの**限定記号** (quantifier) を導入する．

命題関数 $P(x)$ に対して，

（定義域の）任意の x に対して $P(x)$ が真であるという命題を $\forall x P(x)$,
$P(x)$ が真となるような x が(定義域に)存在するという命題を $\exists x P(x)$

で表す．$\forall$ を**全称記号** (universal quantifier)，$\exists$ を**存在記号** (existential quantifier) という．また，$\forall x\, P(x)$ と $\exists x\, P(x)$ を**限定命題**という．

いま命題関数 $P(x)$ が「x は性質 P を持つ」という主張を表すとき，

$\forall x\, P(x)$ は「対象領域内のすべての対象は性質 P を持つ」，あるいは

「任意の（すべての）x に対して $P(x)$ が成り立つ」

などと読み，

$\exists x\, P(x)$ は「対象領域内に性質 P を持つ対象が存在する」，あるいは

「ある x が存在して，それに対して $P(x)$ が成立する」

などと読む．

限定命題の否定を定理としてまとめておく．

定理 1.2（一般化されたド・モルガン (De Morgan) の法則）

（1） $\neg\,(\forall x\, P(x)) \equiv \exists x\,(\neg\, P(x))$ （一部否定）

（2） $\neg\,(\exists x\, P(x)) \equiv \forall x\,(\neg\, P(x))$ （全部否定）

数学でいう**集合** (set) とは，われわれの直観または思考の対象で，確定していて，互いに明確に区別されるものを 1 つの全体としてまとめたものである．記号を用いながら，上の定義を整理してみる．

思考の対象を一般に x や y で表し，それらの一定の集まりを S で表すことにする．S が集合であるためには，次の 2 つの条件を満たすことが要求されている．

（1） 任意の思考の対象 x について所属が確定している．すなわち

$x \in S$ (x は S に属する) であるか，

$x \notin S$ (x は S に属さない) であるか

が明確に規定されている．

（2） S の任意の要素 x，y が明確に区別されている．すなわち

$x = y$ であるか，

$x \neq y$ であるか

が明確に規定されている．

この集合 S に属する個々の対象を S の**要素** (element, entry) または**元**（げん）という．

★ このような直観的な定義では，いろいろ具合の悪い点を含んでいる．しかし，この定義で大学での数学に特に支障は生じないので，以下はこの定義に基づいた**素朴集合論** (naive set theory) の立場で議論を進める．

集合の表示は2つある．その1つは，集合の要素を書き並べる方法（**外延的定義** (extensive definition) という）で，

$$\{1, 2, 3, 4, 6, 12\}$$

のように表す．もう1つは，命題関数 $P(x)$ を用いる方法（**内包的定義** (intensive definition) という）で，$P(x)$ が真であるような要素 x の全体からなる集合を

$$\{x \mid P(x)\} \quad \text{あるいは} \quad \{x : P(x)\}$$

と表すものである．例えば，最初に挙げた集合は

$$\{x \mid x \text{ は } 12 \text{ の約数}\}$$

のように表すことができる．

x が集合 A の要素であることを

$$x \in A \quad \text{または} \quad A \ni x$$

と表し，「x は A に**属する**」または「A は x を**含む**」という．

また，x が A の要素でないことを次のように表す：

$$x \notin A \quad \text{または} \quad A \not\ni x$$

$x \in S$ であることを性質 $P(x)$ として

$$S = \{x \mid P(x)\}$$

として書けるから，集合に関する議論はすべて述語論理に置き換えることができる．ただし，項変数の対象領域はある定まった1つの集合（例えば「実数全体」のように）とし，これを**普遍集合** (universal set) あるいは**宇宙** (universe) とよぶ．普遍集合 U を強調したいときは，

$$\{x \mid x \in U, P(x)\} \quad \text{あるいは} \quad \{x \in U \mid P(x)\}$$

などの表示をする．

2 つの集合

$$A = \{x|P(x)\}, \quad B = \{x|Q(x)\}$$

について，

$$\begin{aligned} A \subset B \quad &\equiv \quad \forall x\,(P(x) \Rightarrow Q(x)) \\ &\equiv \quad x \in A \Rightarrow x \in B \quad \text{：包含 (inclusion)} \end{aligned}$$

と定義し，A は B の**部分集合** (subset) であるという．

このとき「A は B に**含まれる**」,「B は A を**含む**」ともいい，$B \supset A$ と表してもよい．

A が B の部分集合でないことを，次のように表す：

$$A \not\subset B \quad \text{または} \quad B \not\supset A$$

そこで，2 つの集合 A と B が**相等しい**ことを，

$$\begin{aligned} A = B \quad &\equiv \quad \forall x\,(P(x) \Leftrightarrow Q(x)) \\ &\equiv \quad x \in A \Leftrightarrow x \in B \quad \text{：相等 (equality)} \end{aligned}$$

によって，つまり，「$A \subset B$ かつ $A \supset B$」が成り立つ場合と定義する．

部分集合の定義から，任意の集合 B について，$B \subset B$ である．$A \subset B$ かつ $A \neq B$ であるような部分集合 A を B の**真部分集合** (proper subset) といい，$A \subsetneq B$ または $B \supsetneq A$ で示す．

2 つの集合

$$A = \{x|P(x)\}, \quad B = \{x|Q(x)\}$$

に対して，

$$\begin{aligned} A \cup B &= \{x|P(x) \vee Q(x)\} \quad \text{：和集合 (union)} \\ A \cap B &= \{x|P(x) \wedge Q(x)\} \quad \text{：共通集合 (共通部分；intersection)} \\ A^c &= \{x|\neg P(x)\} \quad \text{：補集合 (complement)} \end{aligned}$$

の 3 つの演算を定義する．ここで和集合や共通集合は A と B に共通の普遍集合を想定し，補集合は普遍集合に関するものである．

★

$$\begin{aligned} A \cup B &= \{x|x \in A \text{ または } x \in B\}, \\ A \cap B &= \{x|x \in A \text{ かつ } x \in B\}, \\ A^c &= \{x|x \notin A\}. \end{aligned}$$

対象領域のいかなる要素を代入しても真となる命題（例えば $P(x) \vee (\neg P(x))$ など）には普遍集合 U が対応し，いかなる要素を代入しても偽となる命題（例えば $P(x) \wedge (\neg P(x))$ など）には**空集合**（くう）(empty set, null set) $\varnothing$ が対応する．

定理 1.3

(1)　$(A^c)^c = A$

$U^c = \varnothing$

$\varnothing^c = U$

(3)　$A \cup (B \cap C) = (A \cup B) \cap (A \cup C)$　（分配律）

(4)　$A \cap (B \cup C) = (A \cap B) \cup (A \cap C)$　（分配律）

(5)　$(A \cup B)^c = A^c \cap B^c$　（ド・モルガンの法則）

(6)　$(A \cap B)^c = A^c \cup B^c$　（ド・モルガンの法則）

集合 A, B に対して，

$$A - B = \{x | x \in A \text{ かつ } x \notin B\}$$
$$= A \cap B^c \qquad \text{：差集合 (difference)}$$

と定める．この記号はなくても済むが，場合によっては便利である．

本書では，集合を要素とする集合を考えることが多い．「集合の集合；a set of sets」のように「集合；set」の文字が重複するので，この場合は**集合族**あるいは**集合系** (family of sets) などとよぶのが習慣である．

集合 A のすべての部分集合からなる集合族を A の**巾集合**（べき）(power set) とよび，2^A で表す．n 個の要素からなる集合の部分集合の個数は 2^n である．

集合 Λ の元 λ に対して，集合 A_λ があるとする．つまり，

$$集合族\ \boldsymbol{A} = \{A_\lambda \mid \lambda \in \Lambda\}$$

が与えられたとする．$\boldsymbol{A}$ に属する集合 A_λ の元すべてからなる集合を $\bigcup_{\lambda \in \Lambda} A_\lambda$ と表し，これを $A_\lambda(\lambda \in \Lambda)$ の**和集合** (union) という．すなわち，

$$x \in \bigcup_{\lambda \in \Lambda} A_\lambda \quad \Leftrightarrow \quad \exists \mu \in \Lambda\,(x \in A_\mu)$$

また，$\boldsymbol{A}$ に属するどの集合 A_λ にも属する元からなる集合を $\bigcap_{\lambda \in \Lambda} A_\lambda$ と表し，これを $A_\lambda(\lambda \in \Lambda)$ の**共通集合** (intersection) という．すなわち，

$$x \in \bigcap_{\lambda \in \Lambda} A_\lambda \quad \Leftrightarrow \quad \forall \lambda \in \Lambda\,(x \in A_\lambda)$$

Λ が 2 つの要素からなる集合の場合は，もちろん前の定義と一致する．

定理 1.4 普遍集合 U の部分集合の集合族 $\boldsymbol{A} = \{A_\lambda \mid \lambda \in \Lambda\}$ について，次のド・モルガンの法則が成り立つ．

(1) $\left(\bigcup_{\lambda \in \Lambda} A_\lambda\right)^c = \bigcap_{\lambda \in \Lambda} A_\lambda^c$

(2) $\left(\bigcap_{\lambda \in \Lambda} A_\lambda\right)^c = \bigcup_{\lambda \in \Lambda} A_\lambda^c$

さらに，普遍集合 U の部分集合 B について，次が成り立つ．

(1) $\left(\bigcup_{\lambda \in \Lambda} A_\lambda\right) \cap B = \bigcup_{\lambda \in \Lambda} (A_\lambda \cap B)$

(2) $\left(\bigcap_{\lambda \in \Lambda} A_\lambda\right) \cup B = \bigcap_{\lambda \in \Lambda} (A_\lambda \cup B)$

(3) $\left(\bigcup_{\lambda \in \Lambda} A_\lambda\right) \cup B = \bigcup_{\lambda \in \Lambda} (A_\lambda \cup B)$

(4) $\left(\bigcap_{\lambda \in \Lambda} A_\lambda\right) \cap B = \bigcap_{\lambda \in \Lambda} (A_\lambda \cap B)$

(1)，(2) を分配法則，(3)，(4) を結合法則という．

集合 A, B の元の順序対のすべてからなる集合を A と B の**直積集合**とよび,

$$A \times B$$

で表す.

$$A \times B = \{(x, y) | x \in A, y \in B\} \quad : \textbf{直積集合} \text{ (direct product)}$$
$$(x, y) = (x', y') \quad \Leftrightarrow \quad (x = x') \wedge (y = y')$$

$A \neq B$ のときは,

$$A \times B \neq B \times A$$

である. 特に $A = B$ のとき, $A \times A$ を A^2 と書く. また, $A = \varnothing$ または $B = \varnothing$ の場合は $A \times B$ を空集合と定める;

$$A \times \varnothing = \varnothing \times B = \varnothing \times \varnothing = \varnothing$$

n 個の集合 A_1, A_2, $\cdots$, A_n の**直積集合**は同様にして次のように定義する:

$$\prod_{i=1}^{n} A_i = A_1 \times A_2 \times \cdots \times A_n$$
$$= \{(x_1, x_2, \cdots, x_n) | x_1 \in A_1, x_2 \in A_2, \cdots, x_n \in A_n\}$$

$$(x_1, x_2, \cdots, x_n) = (y_1, y_2, \cdots, y_n)$$
$$\Leftrightarrow \quad (x_1 = y_1) \wedge (x_2 = y_2) \wedge \cdots \wedge (x_n = y_n)$$

ここで, A_i をこの直積集合の**第 $\boldsymbol{i}$ 因子**といい, x_i を元 $(x_1, x_2, \cdots, x_n)$ の第 i 座標ということがある.

また,

$$A = A_1 = A_2 = \cdots = A_n$$

のときにこの直積を A^n で表す.

1.2 写　像

A, B を 2 つの空でない集合とする．A の各要素に対して，B の要素を 1 つ対応させる規則 f を集合 A から集合 B への**写像** (map, mapping) といい，

$$f : A \to B$$

$$A \xrightarrow{f} B$$

などのように表す．このとき，A を写像 f の**定義域**，**始集合**または**始域**などといい，B を f の**値域**，**終集合**または**終域**などという．また，要素 $a \in A$ に対応する要素 $b \in B$ を写像 f による a の**像** (image) といい，$b = f(a)$ と表す．逆に，a を f による b の**原像**(げんぞう)(preimage) という．

★ A, B が実数や複素数（の部分集合）などのような数に関する集合の場合，写像 $f : A \to B$ を**関数** (function) ということが多い．このとき，$a \in A$ の像 $b = f(a)$ を f による a の**値**ともいう．

2 つの写像 $f : A \to B$, $g : A \to B$ が（写像として）**等しい**とは，任意の要素 $a \in A$ について常に $f(a) = g(a)$ が成り立つ場合をいい，$f = g$ で示す：

$$f = g \quad \equiv \quad \forall a \in A\,(f(a) = g(a))$$

写像 $f : A \to B$ が**単射** (injection, injective) であるとは，a, $a' \in A$ について，$a \neq a'$ ならば $f(a) \neq f(a')$ が成り立つ場合をいう：

$$\forall a, a' \in A\,(a \neq a' \Rightarrow f(a) \neq f(a'))$$

★ 写像 $f : A \to B$ が単射であることを示す際に，対偶「$f(a) = f(a') \Rightarrow a = a'$」を示す方が楽なことがよくある．

写像 $f : A \to B$ が**全射** (surjection, surjective, onto) であるとは，任意の $b \in B$ に対して，$f(a) = b$ となる $a \in A$ が存在する場合をいう：

$$\forall b \in B, \exists a \in A\,(f(a) = b)$$

写像 $f : A \to B$ が単射でかつ全射であるとき，f は**全単射** (bijection, bijective) であるという．

2つの写像 $f : A \to B$, $g : B \to C$ について，各要素 $a \in A$ に対し，C の要素 $g(f(a))$ を対応させると，集合 A から集合 C への写像となる．これを f と g の**合成写像** (composite mapping) といい，$g \circ f$ で表す．すなわち，

$$g \circ f : A \to C$$
$$(g \circ f)(a) = g(f(a)) \quad (a \in A)$$

★ 上の $g \circ f$ を順序を逆にして，$f \circ g$ と表す流儀もあるので，注意．

定理 1.5 （結合法則） 写像 $f : A \to B$, $g : B \to C$, $h : C \to D$ の合成について，次が成り立つ：

$$h \circ (g \circ f) = (h \circ g) \circ f : A \to D$$

定理 1.6 $f : A \to B$, $g : B \to C$ を写像とすると，次が成り立つ：

(1) f, g が共に単射ならば，合成写像 $g \circ f$ も単射である．

(2) f, g が共に全射ならば，合成写像 $g \circ f$ も全射である．

(3) 合成写像 $g \circ f$ が単射ならば，f も単射である．

(4) 合成写像 $g \circ f$ が全射ならば，g も全射である．

集合 A が集合 B の部分集合であるとき，各要素 $a \in A$ に対して同じ $a \in B$ を対応させる写像 $i : A \to B$ を**包含写像** (inclusion map) という．特に，$A = B$ のときの包含写像を A 上の**恒等写像** (identity map) といい，$I_A : A \to A$ で表す．

$$i : A \to B, i(a) = a$$
$$I_A : A \to A, I_A(a) = a$$

包含写像は常に単射であり，恒等写像は全単射である．

定理 1.7 $f : A \to B$, $g : B \to A$ を写像とする．

$g \circ f = I_A$ ならば，f は単射であり，g は全射である．

写像 $f : A \to B$ が全単射であるとする．f が全射であるから，各 $b \in B$ に対して，$a \in A$ が存在して $f(a) = b$ となる．ところが，f は単射でもあるから，このような a はただ 1 つである．そこで，b に対してこの a を対応させることによって B から A への写像が定まる．この写像を f の**逆写像** (inverse map) といい，$f^{-1} : B \to A$ で表す； $f^{-1}(b) = a \Leftrightarrow f(a) = b$.

像と逆像 $f : X \to Y$ を写像とする．

(1) 部分集合 $A \subset X$ に対して，f による A の**像** (image) $f(A)$ を，

$$f(A) = \{f(a) | a \in A\}$$

と定義する．明らかに，

$$f(A) \subset Y$$

である．

(2) 部分集合 $B \subset Y$ に対して，f による B の**逆像** (inverse image) $f^{-1}(B)$ を，

$$f^{-1}(B) = \{x \in X \,|\, f(x) \in B\}$$

と定義する．明らかに，

$$f^{-1}(B) \subset X$$

である．

★ 逆像を表すのに，逆写像と同じ記号 f^{-1} を用いるので紛らわしいが，逆写像は「写像」，逆像は「集合」だから，少し注意すれば混同することはない．

定理 1.8 $f : X \to Y$ を写像とし，$A \subset X$，$B \subset Y$ とすると，次が成り立つ．

(1) $f(f^{-1}(B)) \subset B$

(2) $f^{-1}(f(A)) \supset A$

(3) f が全射ならば，$f(A^c) \supset (f(A))^c$

(4) f が単射ならば，$f(A^c) \subset (f(A))^c$

(5) $f^{-1}(B^c) = (f^{-1}(B))^c$

定理 1.9 $f : X \to Y$ を写像とする．任意の部分集合

$$A_1, A_2 \subset X$$
$$B_1, B_2 \subset Y$$

について，次が成り立つ．

(1) $f(A_1 \cup A_2) = f(A_1) \cup f(A_2)$

(2) $f(A_1 \cap A_2) \subset f(A_1) \cap f(A_2)$

(3) $f^{-1}(B_1 \cup B_2) = f^{-1}(B_1) \cup f^{-1}(B_2)$

(4) $f^{-1}(B_1 \cap B_2) = f^{-1}(B_1) \cap f^{-1}(B_2)$

上の (2) において，写像 f が単射ならば，等号が成り立つ．

定理 1.10 $f : X \to Y$ を写像とする．X の部分集合族 $\{A_\lambda | \lambda \in \Lambda\}$ と Y の部分集合族 $\{B_\mu | \mu \in M\}$ に関して，次が成り立つ．

(1) $f\left(\bigcup_{\lambda \in \Lambda} A_\lambda\right) = \bigcup_{\lambda \in \Lambda} f(A_\lambda)$

(2) $f\left(\bigcap_{\lambda \in \Lambda} A_\lambda\right) \subset \bigcap_{\lambda \in \Lambda} f(A_\lambda)$

(3) $f^{-1}\left(\bigcup_{\mu \in M} B_\mu\right) = \bigcup_{\mu \in M} f^{-1}(B_\mu)$

(4) $f^{-1}\left(\bigcap_{\mu \in M} B_\mu\right) = \bigcap_{\mu \in M} f^{-1}(B_\mu)$

1.3　2 項 関 係

一般に，集合 S の 2 つの要素間の関係（2 つの要素からなる命題）を**2 項関係**という．数学では，いろいろな対象が 2 項関係として捉えることができる．ここではこの 2 項関係のうち，同値関係と順序関係について，今後の学習に必要なことを簡単にまとめておく．

一般に，集合 A と集合 B の間の**関係** (relation) とは，直積集合 $A\times B$ の部分集合 $\boldsymbol{R}$ のことである．$(a,b)\in\boldsymbol{R}$ のとき，$a\in A$ と $b\in B$ は関係 $\boldsymbol{R}$ を満たすといい,「関係」らしさを表すために $a\boldsymbol{R}b$ という表し方もよく使われる．

特に，集合 A と A の間の関係 $\boldsymbol{R}$ を A 上の **2 項関係**という．

同値関係　集合 X 上の 2 項関係

$$\boldsymbol{R}\subset X\times X$$

が次の 3 条件を満たすとき，これを X 上の**同値関係** (equivalence relation) という．

(E1)　$\forall x\in X\,((x,x)\in\boldsymbol{R})$　（反射律）

(E2)　$\forall x,y\in X\,((x,y)\in\boldsymbol{R}\Rightarrow(y,x)\in\boldsymbol{R})$　（対称律）

(E3)　$\forall x,y,z\in X$
$((x,y)\in\boldsymbol{R}\wedge(y,z)\in\boldsymbol{R}\Rightarrow(x,z)\in\boldsymbol{R})$　（推移律）

集合 X 上に同値関係 $\boldsymbol{R}$ が与えられている．このとき，$a\in X$ に同値な要素全体の集合 $C(a)$ を a の（または a を含む）**同値類** (equivalence class) という；

$$C(a)=\{x\in X\,|\,x\boldsymbol{R}a\}$$

このような同値類は当然 X の部分集合である．同値類を要素とする X の部分集合族を $X/\boldsymbol{R}$ で表し，X の $\boldsymbol{R}$ による**商集合** (quotient set) という；

$$X/\boldsymbol{R}=\{C(a)\,|\,a\in X\}$$

定理 1.11 $\boldsymbol{R}$ を集合 X 上の同値関係とすると，次が成り立つ：

(1) $a \in X \quad \Rightarrow \quad a \in C(a)$

(2) $X = \bigcup_{a \in X} C(a)$

(3) $a\boldsymbol{R}b \quad \Leftrightarrow \quad C(a) = C(b)$

(4) $\neg\,(a\boldsymbol{R}b) \quad \Leftrightarrow \quad C(a) \cap C(b) = \varnothing$

集合 X 上に同値関係 $\boldsymbol{R}$ が与えられたとき，上の定理1.11から X は互いに共通の要素を持たない幾つかの同値類に区分けされる．また，定理 1.11 (3) より，ある同値類 $C(a)$ について，$x \in C(a)$ ならば

$$C(x) = C(a)$$

となる．したがって，各同値類から1つの要素 x を選ぶとその同値類が確定する．この意味で，各同値類 C に属する各要素を C の**代表元** (representative) という．

さらに，各要素 $x \in X$ に X の同値類 $C(x)$ を対応させることにすれば，定理 1.11 より，

$$x\boldsymbol{R}y \quad \Leftrightarrow \quad \gamma(x) = \gamma(y)$$

であるから，この対応

$$\gamma : X \to X/\boldsymbol{R}$$
$$\gamma(x) = C(x) \quad (x \in X)$$

は全射であることがわかる．この写像を**自然な射影** (natural projection)，あるいは**商写像** (quotient mapping) という．このようにして，X 上の同値関係は X を定義域とする1つの写像とみることができる．

順序関係 集合 X 上の2項関係 $\leqq\ \subset X \times X$ が次の3条件を満たすとき，これを X 上の**順序関係** (order relation) という．

(E1) $\forall x \in X\,(x \leqq x)$ (反射律)

(E3) $\forall x, y, z \in X\,(x \leqq y \wedge y \leqq z \Rightarrow x \leqq z)$ (推移律)

(E4) $\forall x, y \in X\,(x \leqq y \wedge y \leqq x \Rightarrow x = y)$ (反対称律)

また，順序関係 $\leqq$ を指定した集合 $(X, \leqq)$ を**順序集合** (ordered set) または**半順序集合** (partially ordered set) という．

例 1.1 実数全体の集合 $\mathbb{R}$ において，

$$x \leqq y$$

を通常の**大小関係**とすると，$\leqq$ はもちろん $\mathbb{R}$ 上の順序関係である．ただし，不等号 $<$ は順序関係ではない．実際，反射律を満たさない．

例 1.2 集合 X の巾集合 2^X において，2 項関係 $\subset$ を，

$$\subset = \{(A, B) \in 2^X \times 2^X \,|\, A \subset B\}$$

とすると，これは 2^X 上の順序関係であり，通常 2^X 上の**包含関係** (inclusion relation) といわれる．

半順序集合 $(X, \leqq)$ において，$A \subset X, A \neq \varnothing$ とすると，$(A, \leqq)$ も自然に半順序集合となる．さて，次の用語を導入する．

(1) $a \in X$ が A の**最大元** (maximum element) であるとは，$a \in A$ であって，任意の $x \in A$ について，$x \leqq a$ が成り立つ場合をいい，

$$a = \max A$$

で表す．

(2) $b \in X$ が A の**最小元** (minimum element) であるとは，$b \in A$ であって，任意の $x \in A$ について，$b \leqq x$ が成り立つ場合をいい，

$$b = \min A$$

で表す．

(3) $s \in X$ が A の 1 つの**上界**(じょうかい)(upper bound) であるとは，任意の $x \in A$ について，$x \leqq s$ が成り立つ場合をいう．

特に，A の上界全体の集合 S に最小元があれば，それを A の**上限** (supremum) といい，$\sup A$ で表す．

(4) $t \in X$ が A の1つの**下界**(かかい)(lower bound) であるとは，任意の $x \in A$ について，$t \leqq x$ が成り立つ場合をいう．

特に，A の下界全体の集合 T に最大限があれば，それを A の**下限** (infimum) といい，$\inf A$ で表す．

(5) A の上界が存在するとき，A は**上に有界**であるといい，下界が存在するとき，**下に有界**であるという．そして，上に有界かつ，下にも有界であるとき，単に**有界** (bounded) であるという．

半順序集合 $(X, \leqq)$ において，任意の2つの要素 x，y が，

$$x \leqq y$$

または

$$y \leqq x$$

の関係にあるとき，x と y は**比較可能**であるという．

半順序集合 $(X, \leqq)$ において，その任意の要素 x，y が比較可能であるとき，この順序 $\leqq$ を**全順序** (total order) といい，$(X, \leqq)$ を**全順序集合** (totally ordered set) という．

例 1.3 実数全体の集合 $\mathbb{R}$ 上に通常の大小関係 $\leqq$ によって定めた順序は全順序であり，$(\mathbb{R}, \leqq)$ は全順序集合である．一方，例 1.2 においては，X の部分集合 A, B について，$A \subset B$ でもなく $A \supset B$ でもない場合が起こるので，2^X には比較可能でない要素もある．つまり，$\subset$ は全順序ではない．

1.4 実 数

自然数 (natural numbers) の全体を $\mathbb{N}$ で表す：

$$\mathbb{N} = \{1, 2, 3, 4, 5, \cdots\}$$

自然数は，数えるつまり数量を表す**基数** (cardinals) の概念と，順番あるいは順序を表す**順序数** (ordinals) の概念を持ち合わせる．

整数 (integers, 独 Zahlen) の全体を $\mathbb{Z}$ で表す：

$$\mathbb{Z} = \{\cdots, -5, -4, -3, -2, -1, 0, 1, 2, 3, 4, 5, \cdots\}$$

有理数 (rational numbers) の全体を $\mathbb{Q}$ で表す：

$$\mathbb{Q} = \{b/a | a \in \mathbb{Z},\ b \in \mathbb{Z},\ a \neq 0\}$$

数直線上の点に対応する数がいつでも存在するように，有理数の他に新たな数，すなわち**無理数** (irrational numbers) を導入した．

有理数と無理数を合せて**実数** (real number) といい，実数の全体を $\mathbb{R}$ で表す．

定理 1.12（有理数の**稠密性** (density)） 2つの実数 x, y について，$x < y$ ならば，$x < r < y$ なる有理数 r は無限に存在する．

定理 1.13（**実数の加法・乗法に関する基本命題**） $\mathbb{R}$ においては加法 + と乗法・の2つの演算が定義され以下の性質をみたす；$x, y, z \in \mathbb{R}$ について，

[**R1**] 1. (加法に関する結合法則) $x + (y + z) = (x + y) + z$

2. (加法に関する交換法則) $x + y = y + x$

3. (加法単位元の存在) $x + 0 = x = 0 + x$

4. (加法逆元の存在)

$$\forall x \in \mathbb{R}\, (\exists!\ y \in \mathbb{R} : x + y = y + x = 0)$$

このyを $-x$ と記す．

[**R2**] 1. (乗法に関する結合法則)

$$x \cdot (y \cdot z) = (x \cdot y) \cdot z$$

2. (乗法に関する交換法則)

$$x \cdot y = y \cdot x$$

3. (乗法単位元の存在)

$$x \cdot 1 = x = 1 \cdot x$$

4. (乗法逆元の存在)

$$\forall x \in \mathbb{R} - \{0\} \, (\exists ! \, y \in \mathbb{R} - \{0\} : x \cdot y = y \cdot x = 1)$$

このy を x^{-1} または $1/x$ と記す.

[**R3**] (分配法則)

$$x \cdot (y + z) = x \cdot y + x \cdot z$$
$$(x + y) \cdot z = x \cdot z + y \cdot z$$

実数 $a, b \in \mathbb{R}$, $a < b$, について, 次のように定める:

$(a, b) = \{x \in \mathbb{R} | a < x < b\}$:開区間

$[a, b] = \{x \in \mathbb{R} | a \leqq x \leqq b\}$:閉区間

$(a, b] = \{x \in \mathbb{R} | a < x \leqq b\}$:半開区間

$[a, b) = \{x \in \mathbb{R} | a \leqq x < b\}$:半開区間

$[a, b]$ および $(a, b]$ には最大値 b があるが, (a, b) と $[a, b)$ にはない. $[a, b]$ および $[a, b)$ には最小値 a があるが, (a, b) と $(a, b]$ にはない. しかし, これら4種の区間は, いずれも下限 a と上限 b を持つ.

★ 括弧はいろいろな場面で用いるが, $\mathbb{R}$ での議論をしているかぎり, この記法は単純で便利である. 混乱する場面では, 区間 (a, b) のように書き表す.

定理 1.14 部分集合 $A \subset \mathbb{R}$ について, 次が成り立つ:

(1) A の最大値 $\max A$ が存在するならば, それは一意的である.

(2) A の最小値 $\min A$ が存在するならば, それは一意的である.

次の定理は，上限・下限の判定の際に有効である.（実際，最大値と最小値の定義を使わずに書き換えたものである.）

定理 1.15　部分集合 $A \subset \mathbb{R}$，$A \neq \varnothing$，について，次が成り立つ：

（1）$s = \sup A \quad \Leftrightarrow \quad \begin{cases} \text{(i)} & a \in A \Rightarrow a \leqq s \\ \text{(ii)} & \forall \varepsilon > 0, \exists a \in A \, (s - \varepsilon < a) \end{cases}$

（2）$t = \inf A \quad \Leftrightarrow \quad \begin{cases} \text{(i)} & a \in A \Rightarrow a \geqq t \\ \text{(ii)} & \forall \varepsilon > 0, \exists a \in A \, (a < t + \varepsilon) \end{cases}$

定理 1.16　部分集合 $A \subset \mathbb{R}$ について，次が成り立つ：

（1）A の最大値が存在するならば，

$$\max A = \sup A$$

である.

（2）A の最小値が存在するならば，

$$\min A = \inf A$$

である.

定理 1.17　部分集合 $A \subset \mathbb{R}$ について，次が成り立つ：

（1）A の上限が存在するならば，それは一意的である.

（2）A の下限が存在するならば，それは一意的である.

定理 1.18　部分集合 $A, B \subset \mathbb{R}$ について，次が成り立つ：

（1）$\sup A, \sup B$ がともに存在して，$A \subset B$ ならば，

$$\sup A \leqq \sup B$$

である.

（2）$\inf A, \inf B$ がともに存在して，$A \subset B$ ならば，

$$\inf B \leqq \inf A$$

である.

(3) $\sup A, \inf B$ がともに存在するとする．

$$\forall a \in A, \forall b \in B\,(a \leqq b) \quad \Rightarrow \quad \sup A \leqq \inf B$$

(4) $\sup A, \sup B$ がともに存在するとする．

$$\forall a \in A, \exists b \in B\,(a \leqq b) \quad \Rightarrow \quad \sup A \leqq \sup B$$

数 列 自然数全体の集合 $\mathbb{N}$ から集合 X への写像 $x : \mathbb{N} \to X$ を X の**点列** (sequence) という．特に $X = \mathbb{R}$ の点列を**数列**あるいは**実数列**という．

通常，像 $x(i)$ を x_i で表し，数列 $x : \mathbb{N} \to \mathbb{R}$ を 〔x_i〕$_{i=1}^{\infty}$, 〔x_i〕$_{i\in\mathbb{N}}$，あるいは，混乱のないときは，これを略記して**数列**〔x_i〕あるいは単に〔x_i〕と表す．

★ 数列を表すのに，ほとんどすべての書籍で記号 $\{x_i\}$ を採用している．

$x : \mathbb{N} \to X$ を集合 X の点列とする．$\iota : \mathbb{N} \to \mathbb{N}$ を順序を保つ写像とする；すなわち，$k, h \in \mathbb{N}$，$k < h$ ならば $\iota(k) < \iota(h)$ が成り立つとする．このとき，合成写像 $x \circ \iota : \mathbb{N} \to X$ を点列 x の**部分列** (subsequence) という．この部分列を〔$x_{\iota(i)}$〕$_{i\in\mathbb{N}}$，**部分列**〔$x_{\iota(i)}$〕などで表す．

部分集合 $A \subset \mathbb{R}$ について，A の数列〔x_i〕$_{i\in\mathbb{N}}$ が $\alpha \in \mathbb{R}$ に**収束** (convergence) するとは，

$$\forall \varepsilon > 0, \exists N \in \mathbb{N}\,(\forall n, n \geqq N \Rightarrow |x_n - \alpha| < \varepsilon)$$

が成立する場合をいい，α をこの数列〔x_i〕の**極限** (limit) または**極限値**，**極限点** (limit point) といい，次のように表す：

$$\alpha = \lim_{i\to\infty} x_i \qquad \text{または} \qquad x_i \to \alpha\,(i \to \infty)$$

定理 1.19 (1) $A \subset \mathbb{R}$ の数列〔x_i〕が点 $\alpha \in \mathbb{R}$ に収束するならば，その任意の部分列〔$x_{\iota(i)}$〕もまた α に収束する．

(2) $A \subset \mathbb{R}$ の数列〔x_i〕が収束するとき，極限値は一意的である．

定理 1.20 $A \subset \mathbb{R}$ の数列〔x_i〕が収束し，ある $M \in \mathbb{R}$ に対して

$$\forall i \in \mathbb{N}\,(x_i \leqq M)$$

が成り立つとする．このとき，次が成り立つ：

$$\lim_{i \to \infty} x_i \leqq M$$

$A \subset \mathbb{R}$ の数列〔x_i〕に対して，$M \in \mathbb{R}$ が存在して，

$$\forall i \in \mathbb{N}\,(x_i \leqq M)$$

が成り立つとき，数列〔x_i〕は**上に有界** (upper bounded) であるという．

定理 1.21 $A \subset \mathbb{R}$ の数列〔x_i〕が収束し，ある $L \in \mathbb{R}$ に対して，$\forall i \in \mathbb{N}$ $(x_i \geqq L)$ が成り立つならば，$\lim\limits_{i \to \infty} x_i \geqq L$ が成り立つ．

$A \subset \mathbb{R}$ の数列〔x_i〕に対して，$L \in \mathbb{R}$ が存在して，

$$\forall i \in \mathbb{N}\,(x_i \geqq L)$$

が成り立つとき，数列〔x_i〕は**下に有界** (lower bounded) であるという．また，上にも下にも有界な数列を，単に**有界** (bounded) であるという．数列〔x_i〕が収束するならば，有界である．

コーシー列 (Cauchy Sequence) 部分集合 $A \subset \mathbb{R}$ の数列〔x_i〕が**コーシー列**（または**基本列**）であるとは，次が成り立つ場合をいう：

$$\forall \varepsilon > 0, \exists N \in \mathbb{N}\,(\forall m, \forall n, m \geqq N, n \geqq N \Rightarrow |x_m - x_n| < \varepsilon)$$

つまり，数列〔x_i〕がコーシー列であるとは，十分大きな $N \in \mathbb{N}$ を選ぶと，N より先の要素 x_m と x_n の差はいくらでも小さくできるような数列である．

定理 1.22 (1) 数列〔x_i〕が収束するならば，これはコーシー列である．

(2) 数列〔x_i〕がコーシー列ならば，有界である．

(3) 数列〔x_i〕がコーシー列で，その部分列〔$x_{\iota(i)}$〕が α に収束するならば，数列〔x_i〕自身も α に収束する．

連続性に関する公理 実数の連続性については，微分積分で学んだと思う．この「連続性」は微分積分の基礎となる大事な性質で，多くの研究がなされ，幾つかの表現が知られている．ここでもこれを公理として採用する．

公理 [I]（デデキント (Dedekind) の切断） 実数全体 $\mathbb{R}$ を次の条件①，②にしたがって 2 つの集合 A，B に分けるとき，それを実数の切断といい，$\langle A|B\rangle$ で表す：

① $A \cup B = \mathbb{R}, \quad A \cap B = \varnothing, \quad A \neq \varnothing, \quad B \neq \varnothing$

② $(\alpha \in A) \wedge (\beta \in B) \Rightarrow \alpha < \beta$

実数の切断 $\langle A|B\rangle$ に対して，次の条件を満たす $\gamma \in \mathbb{R}$ がただ 1 つ存在する：
$$(\alpha \in A) \wedge (\beta \in B) \quad \Rightarrow \quad \alpha \leqq \gamma \leqq \beta$$

公理 [II]（上限の存在） 部分集合 $A \subset \mathbb{R}$，$A \neq \varnothing$，について，A が上に有界ならば上限 $\sup A$ が存在し，下に有界ならば下限 $\inf A$ が存在する．

公理 [III]（単調有界数列の収束） 数列〔x_i〕が次の 2 条件を満たすならば，収束する：

(1) $x_1 \leqq x_2 \leqq \cdots \leqq x_i \leqq x_{i+1} \leqq \cdots$ （単調増加数列），または，
$x_1 \geqq x_2 \geqq \cdots \geqq x_i \geqq x_{i+1} \geqq \cdots$ （単調減少数列）

(2) $\exists M \in \mathbb{R}\,(\forall i \in \mathbb{N}(x_i \leqq M))$ （上に有界），または，
$\exists L \in \mathbb{R}\,(\forall i \in \mathbb{N}(x_i \geqq L)$ （下に有界）

公理 [IV]（カントール (Cantor) の区間縮小定理） 閉区間の列 $A_i = [a_i, b_i]$，$i \in \mathbb{N}$，が次の 2 条件を満たすとする：

(1) $A_1 \supset A_2 \supset \cdots \supset A_i \supset A_{i+1} \supset \cdots$,

(2) $\lim_{i \to \infty} (b_i - a_i) = 0$.

このとき，$\bigcap_{i \in \mathbb{N}} A_i$ はただ 1 つの要素からなる集合である．

公理 [V]（**ボルツァーノ-ワイアシュトラウス (Bolzano-Weierstrass) の定理**） 有界な数列〔x_i〕は収束する部分列をもつ.

特に，閉区間 $A = [a, b] \subset \mathbb{R}$ の数列〔x_i〕は，収束する部分列をもつ.

公理 [VI]（**コーシー列の収束; 実数の完備性**） コーシー列は収束する.

公理 [II] をワイアシュトラウスの定理ということもある．これら 6 個の公理を比べてみると，一見して同値らしきものと，そうでもないものが混在するが，それぞれ有効で，状況に応じて使い分ける.

定理 1.23 上の 6 個の公理 [I]～[VI] は互いに同値である.

定理 1.24（**アルキメデス (Archimedes) の原理**）

(1) 自然数の全体 $\mathbb{N} \subset \mathbb{R}$ は上に有界ではない.

(2) $\forall a, b \in \mathbb{R}, 0 < a < b \quad \Rightarrow \quad \exists n \in \mathbb{N}\,(b < na)$

選択公理 無限集合 Λ を添え字集合とする集合族 $\{A_\lambda \,|\, \lambda \in \Lambda\}$ が与えられたとする．写像 $f : \Lambda \to \bigcup_{\lambda \in \Lambda} A_\lambda$ のうちで，各 $\lambda \in \Lambda$ に対して $f(\lambda) = a_\lambda \in A_\lambda$ となるようなものの全体を集合族 $\{A_\lambda \,|\, \lambda \in \Lambda\}$ の**直積**といい，$\prod_{\lambda \in \Lambda} A_\lambda$ で表す.

$$\forall \lambda \in \Lambda\,(A_\lambda \neq \varnothing) \quad \Rightarrow \quad \prod_{\lambda \in \Lambda} A_\lambda \neq \varnothing$$

を**選択公理**という.

選択公理と同値な命題が幾つか知られているが，次の表現が分かり易くまた使い易い（と思われる）.

命題 1.1（**選択公理**） A，B を空でない集合とし，$f : A \to B$ を全射とすると，写像 $g : B \to A$ が存在して，$f \circ g = I_B : B \to B$ となる.

1.5 実数値連続関数

ある集合 X から実数全体の集合 $\mathbb{R}$ への写像 $f: X \to \mathbb{R}$ を，集合 X 上の**実数値関数**という．特に $X \subset \mathbb{R}$ である場合，f を**実変数**の実数値関数という．

実変数の関数 $f: X \to \mathbb{R}$ と $\alpha \in X$ に関して，次のように定義する：α に収束する X の任意の数列〔x_i〕について，数列〔$f(x_i)$〕が常に $f(\alpha)$ に収束するとき，関数 f は α で**連続** (continuous) であるという．

関数 f がすべての $\alpha \in X$ で連続であるとき，f は X 上で**連続**である，あるいは X 上の**連続関数** (continuous function) であるという．

定理 1.25 実変数関数 $f: X \to \mathbb{R}$ と $\alpha \in \mathbb{R}$ について，次の (1) と (2) は同値である：

（1） f が α で連続である．

（2） 次の命題（$*$）が成り立つ；

（$*$） $\forall \varepsilon > 0, \exists \delta > 0$
$$(\forall x \in X, |x - \alpha| < \delta \Rightarrow |f(x) - f(\alpha)| < \varepsilon)$$

定理 1.26 関数 $f: \mathbb{R} \to \mathbb{R}$ が点 $\alpha \in \mathbb{R}$ で連続で，関数 $g: \mathbb{R} \to \mathbb{R}$ が点 $f(\alpha)$ で連続ならば，合成関数 $g \circ f: \mathbb{R} \to \mathbb{R}$ も点 $\alpha \in \mathbb{R}$ で連続である．

定理 1.27 関数 $f: \mathbb{R} \to \mathbb{R}$ と関数 $g: \mathbb{R} \to \mathbb{R}$ が点 $\alpha \in \mathbb{R}$ で連続ならば，次の関数も点 α で連続である．

（1） $f + g: \mathbb{R} \to \mathbb{R};\quad (f+g)(x) = f(x) + g(x)$

（2） $cf: \mathbb{R} \to \mathbb{R};\quad (cf)(x) = cf(x), c \in \mathbb{R}$(定数)

（3） $f \cdot g: \mathbb{R} \to \mathbb{R};\quad (f \cdot g)(x) = f(x)g(x)$

定理 1.28（**中間値の定理**）　$f:[a,b]\to\mathbb{R}$ を連続関数とする．もし，

$$f(a)<f(b)$$
$$(\text{または，} f(a)>f(b))$$

であれば，次が成立する：

$$\forall\gamma\in\mathbb{R}, f(a)<\gamma<f(b), \exists c\in[a,b](f(c)=\gamma)$$
$$(\text{または，} \forall\gamma\in\mathbb{R}, f(a)>\gamma>f(b), \exists c\in[a,b](f(c)=\gamma))$$

定理 1.29　閉区間上の連続関数 $f:[a,b]\to\mathbb{R}$ は最大値と最小値をもつ．

$\mathbb{R}$ の開集合・閉集合　点 $x\in\mathbb{R}$ および $\varepsilon>0$ に対して，開区間 $(x-\varepsilon, x+\varepsilon)$ を x の **ε-近傍** (ε-neighborhood) といい，$N(x;\varepsilon)$ で表す．

先に，$X\subset\mathbb{R}$ について，関数 $f:X\to\mathbb{R}$ が点 $\alpha\in X$ で連続であることを，ε-δ 論法で記述したが，この記号を用いると，

(∗)　$$\forall\varepsilon>0, \exists\delta>0\,(f(N(\alpha;\delta))\subset N(f(\alpha);\varepsilon))$$

が真なる命題であることと，言い換えることができる．

さて，部分集合 $U\subset\mathbb{R}$ が（$\mathbb{R}$ の）**開集合** (open set, open subset) であるとは，

(O)　$$\forall x\in U, \exists\varepsilon>0\,(N(x;\varepsilon)\subset U)$$

が真なる命題である場合をいう．

例 1.4　(1)　空集合 $\varnothing$ および $\mathbb{R}$ は $\mathbb{R}$ の開集合である．

(2)　任意の実数 $a, b(a<b)$ について，開区間 (a,b) は $\mathbb{R}$ の開集合である．

(3)　任意の実数 a について，$(-\infty, a)$，(a,∞) は $\mathbb{R}$ の開集合である．

(4)　閉区間 $[a,b]$, 半開区間 $[a,b), (a,b], (-\infty, a]$，$[a,\infty)$ はいずれも $\mathbb{R}$ の開集合ではない．

定理 1.30 (1) 連続関数 $f:\mathbb{R}\to\mathbb{R}$ および $\mathbb{R}$ の開集合 U について，f による U の逆像 $f^{-1}(U)$ は $\mathbb{R}$ の開集合である．

(2) 関数 $f:\mathbb{R}\to\mathbb{R}$ について，$\mathbb{R}$ の任意の開集合 U に対して，f による U の逆像 $f^{-1}(U)$ が $\mathbb{R}$ の開集合ならば，f は連続関数である．

定理 1.31 (1) $U_1, U_2, \cdots, U_m$ を $\mathbb{R}$ の開集合とすれば，共通集合

$$U_1 \cap U_2 \cap \cdots \cap U_m$$

も $\mathbb{R}$ の開集合である．

(2) 集合 Λ の元 λ に対して，$\mathbb{R}$ の開集合族 $\{U_\lambda \,|\, \lambda \in \Lambda\}$ が与えられたとする．和集合 $\bigcup_{\lambda\in\Lambda} U_\lambda$ も $\mathbb{R}$ の開集合である．

$\mathbb{R}$ の部分集合 F は，その補集合 $F^c = \mathbb{R} - F$ が $\mathbb{R}$ の開集合である場合に，$\mathbb{R}$ の**閉集合** (closed set, closed subset) であるという．

例 1.5 (1) 空集合 $\varnothing$ および $\mathbb{R}$ は $\mathbb{R}$ の閉集合である．実際，$\varnothing^c = \mathbb{R}$，$\mathbb{R}^c = \varnothing$ であり，これらはいずれも $\mathbb{R}$ の開集合である．

(2) 任意の実数 $a, b (a < b)$ について，閉区間 $[a, b]$ は $\mathbb{R}$ の閉集合である．

(3) 任意の実数 a について，$(-\infty, a], [a, \infty)$ はいずれも $\mathbb{R}$ の閉集合である．

(4) 任意の実数 a について，1点集合 $\{a\}$ は $\mathbb{R}$ の閉集合である．

定理 1.32 (1) $F_1, F_2, \cdots, F_m$ を $\mathbb{R}$ の閉集合とすると，和集合

$$F_1 \cup F_2 \cup \cdots \cup F_m$$

も $\mathbb{R}$ の閉集合である．

(2) $\mathbb{R}$ の閉集合族 $\{F_\lambda \,|\, \lambda \in \Lambda\}$ に対して，その共通集合 $\bigcap_{\lambda\in\Lambda} F_\lambda$ も $\mathbb{R}$ の閉集合である．

第2章

距離空間

この章では本書の主題の一つである距離空間について学習する.「微積分」等でこれまで学んできた n 次元ユークリッド空間 $\mathbb{R}^n$ においては，2点 x, y の間の距離 $d^{(n)}(x, y)$ をそれらを結ぶ線分の長さで定義し，この距離を利用して，点列の収束・ε-近傍・開集合などを定義し，写像の連続の概念を導入した．ところがこの一連の議論において，距離 $d^{(n)}$ が三角不等式を満たすこと以外のことはほとんど用いていない．そこで，この距離の概念を抽象化して，一般の「距離空間」の概念を導入し，ユークリッド空間において考察した種種の概念が自然に距離空間においても意味をもつことを確かめる.

2.1　ユークリッド空間

n 次元ユークリッド空間 $\mathbb{R}^n$ は，集合としては実数全体の集合 $\mathbb{R}$ の n 個の直積集合であるが，$\mathbb{R}$ が持っているさまざまな数学的構造を自然な形で引き継ぎ，数学の豊かな舞台となる．この節の定理等には証明も省略してある.

数直線：1 次元ユークリッド空間　実数全体の集合を $\mathbb{R}$ で表す．$\mathbb{R}$ 上では，四則演算が定義されて基本命題（第1章–定理 1.13）を満たし，順序の公理と連続性に関する公理も満たしている．また $\mathbb{R}$ は座標を定めた直線，すなわち数直線で表されることも知っている．そこで実数 $x \in \mathbb{R}$ と数直線上で x を座標とする点を同一視する．数直線上では点 x と点 y の間の距離 $d^{(1)}(x, y)$ は，x と y を結ぶ線分の長さであり，絶対値を使って次のように与えられる：

$$d^{(1)}(x, y) = |x - y| = \sqrt{(x - y)^2}$$

実数の種々の性質に加えて，この距離 $d^{(1)}$ も併せて考慮にいれた数直線を $\mathbb{R}^1$ で表し，**1 次元ユークリッド空間**とよぶことにする．

n 次元ユークリッド空間 一般に，自然数 n に関して，n 個の 1 次元ユークリッド空間 $\mathbb{R}^1$ の直積集合 $\mathbb{R}^n = \mathbb{R}^1 \times \mathbb{R}^1 \times \cdots \times \mathbb{R}^1$ を **n 次元ユークリッド空間**とよぶ；

$$\mathbb{R}^n = \{(x_1, x_2, \cdots, x_n) \,|\, x_1 \in \mathbb{R}^1, x_2 \in \mathbb{R}^1, \cdots, x_n \in \mathbb{R}^1\}$$

$\mathbb{R}^n$ の 2 点 $x = (x_1, x_2, \cdots, x_n)$，$y = (y_1, y_2, \cdots, y_n)$ の間の距離 $d^{(n)}(x, y)$ は，次の式で与える：

$$d^{(n)}(x, y) = \sqrt{(x_1 - y_1)^2 + (x_2 - y_2)^2 + \cdots + (x_n - y_n)^2}$$

このようにして，2 点間の距離が定義された $\mathbb{R}^n$ を n 次元ユークリッド空間といい，距離を明示して $(\mathbb{R}^n, d^{(n)})$ のようにも書く．

★ 集合 $\mathbb{R}^n$ にはここで定義した距離の他にも幾つもの「距離」が定義できる．上で定義した距離は最も自然で多く用いられるもので，特に**ユークリッドの距離**，または**通常の距離**などとよばれる．

定理 2.1 $\mathbb{R}^n$ 上の通常の距離 $d^{(n)}$ に関して，次が成り立つ：

[D1] $\forall x, y \in \mathbb{R}^n (d^{(n)}(x, y) \geqq 0)$ 特に，$d^{(n)}(x, y) = 0 \Leftrightarrow x = y$

[D2] $\forall x, y \in \mathbb{R}^n (d^{(n)}(x, y) = d^{(n)}(y, x))$

[D3] $\forall x, y, z \in \mathbb{R}^n$
$(d^{(n)}(x, z) \leqq d^{(n)}(x, y) + d^{(n)}(y, z))$ （三角不等式）

証明 距離 $d^{(n)}$ の定義から，[D1] と [D2] が成り立つことは明らかである．[D3] は次の補題を用いると容易に証明される． ◆

補題 2.1（シュワルツ (Schwarz) の不等式） 任意の実数 $a_1, a_2, \cdots, a_n, b_1, b_2, \cdots, b_n$ に関して，次の不等式が成立する：

$$\left(\sum_{i=1}^{n} {a_i}^2\right)\left(\sum_{i=1}^{n} {b_i}^2\right) \geqq \left(\sum_{i=1}^{n} a_i b_i\right)^2$$

ベクトル空間としての $\mathbb{R}^n$ $\mathbb{R}^n$ の点 $(x_1, x_2, \cdots, x_n)$ をそのまま（n 次行）ベクトルとみなすと，$\mathbb{R}^n$ は

$$\boldsymbol{e}_1 = (1, 0, 0, \cdots, 0, 0), \qquad \boldsymbol{e}_2 = (0, 1, 0, \cdots, 0, 0), \cdots,$$
$$\boldsymbol{e}_{n-1} = (0, 0, 0, \cdots, 1, 0), \quad \boldsymbol{e}_n = (0, 0, 0, \cdots, 0, 1)$$

を標準基底としてもつ n 次元実ベクトル空間となる．このベクトル空間上には**内積**（inner product）が定義される．

$\mathbb{R}^n$ の 2 点 $x = (x_1, x_2, \cdots, x_n)$，$y = (y_1, y_2, \cdots, y_3)$ の**内積** $\langle x, y\rangle$ を，

$$\langle x, y\rangle = x_1y_1 + x_2y_2 + \cdots + x_ny_n = \sum_{i=1}^{n} x_iy_i$$

によって定義する．距離を内積を用いて表せば，次のようになっている：

$$d^{(n)}(x, y) = \sqrt{\langle x - y, x - y\rangle}$$

内積を用いて，ベクトル $x = (x_1, x_2, \cdots, x_n) \in \mathbb{R}^n$ の**大きさ**（**ノルム** (norm)，**長さ**ともいう）$\|x\|$ を，$\|x\| = \sqrt{\langle x, x\rangle}$ によって定義する．

距離 $d^{(n)}(x, y)$ と内積 $\langle x, y\rangle$ の関係が明らかになったので，この内積が定義されたベクトル空間 $\mathbb{R}^n$ を **n 次元ユークリッド空間**ということも多い．$\mathbb{R}^n$ の点とベクトルとしての元は同じ記号 $(x_1, x_2, \cdots, x_n)$ で表すが，混乱することは無いと思う．都合の良い方を活用する．

定理 2.2 $\mathbb{R}^n$ 上の内積 $\langle , \rangle$ について，次が成り立つ：

（1） $\forall x \in \mathbb{R}^n\,(\langle x, x\rangle \geqq 0)$ 特に，$\langle x, x\rangle = 0 \Leftrightarrow x = (0, 0, \cdots, 0)$

（2） $\forall x_1, x_2, y \in \mathbb{R}^n, \forall \lambda \in \mathbb{R}$：

$$\langle x_1 + x_2, y\rangle = \langle x_1, y\rangle + \langle x_2, y\rangle, \quad \langle \lambda x, y\rangle = \lambda\langle x, y\rangle$$

（3） $\forall x, y \in \mathbb{R}^n\,(\langle x, y\rangle = \langle y, x\rangle)$

開集合 点 $a \in \mathbb{R}^n$ と実数 $\varepsilon > 0$ に対して，点 a を**中心**とする**半径** ε の**開球**または**開球体** (open n-ball)

$$N(a; \varepsilon) = \{x \in \mathbb{R}^n \,|\, d^{(n)}(x, a) < \varepsilon\}$$

を，点 a の **ε-近傍** (ε-neighborhood) という．

$\mathbb{R}^1$ の場合は，$N(a;\varepsilon) = (a-\varepsilon, a+\varepsilon)$（開区間）であり，これの一般化である．

部分集合 $U \subset \mathbb{R}^n$ が（$\mathbb{R}^n$ の）**開集合** (open set, open subset) であるとは，

$$\forall x \in U, \exists\, \varepsilon > 0\, (N(x;\varepsilon) \subset U)$$

が真なる命題である場合をいう．

例 2.1 (1) 空集合 $\varnothing$ および $\mathbb{R}^n$ は $\mathbb{R}^n$ の開集合である．

(2) 任意の点 $a \in \mathbb{R}^n$ と任意の実数 $\varepsilon > 0$ について，開球体 $N(a;\varepsilon)$ は $\mathbb{R}^n$ の開集合である．

(3) 開区間の直積 $A = (a_1, b_1) \times (a_2, b_2) \subset \mathbb{R}^2$ は，$\mathbb{R}^2$ の開集合である．

(4) 任意の点 $a \in \mathbb{R}^n$ について，$\mathbb{R}^n - \{a\}$ は $\mathbb{R}^n$ の開集合である．

定理 2.3 (1) $U_1, U_2, \cdots, U_m$ を $\mathbb{R}^n$ の開集合とすると，共通集合

$$U_1 \cap U_2 \cap \cdots \cap U_m$$

もまた $\mathbb{R}^n$ の開集合である．

(2) 集合 Λ の元 λ に対応して，$\mathbb{R}^n$ の開集合族 $\{U_\lambda \,|\, \lambda \in \Lambda\}$ が与えられているとき，和集合 $\bigcup_{\lambda \in \Lambda} U_\lambda$ もまた $\mathbb{R}^n$ の開集合である．

閉集合 部分集合 $F \subset \mathbb{R}^n$ が（$\mathbb{R}^n$ の）**閉集合** (closed set, closed subset) であるとは，その補集合 $F^c = \mathbb{R}^n - F$ が $\mathbb{R}^n$ の開集合となる場合をいう．

例 2.2 (1) 任意の点 $a \in \mathbb{R}^n$ について，1 点集合 $\{a\}$ は閉集合である．

(2) 任意の点 $a \in \mathbb{R}^n$ と任意の実数 $\varepsilon > 0$ について，a を**中心**とする**半径** ε の**閉球**（または**閉球体**，または単に**球体**；closed n-ball, n-ball)

$$D(a;\varepsilon) = \{x \in \mathbb{R}^n \,|\, d^{(n)}(x,a) \leqq \varepsilon\}$$

は $\mathbb{R}^n$ の閉集合である．

(3) 閉区間の直積 $B = [a_1, b_1] \times [a_2, b_2] \subset \mathbb{R}^2$ は $\mathbb{R}^2$ の閉集合である．

開集合に関する定理 2.3 に対応して，閉集合に関しては次が成り立つ．

定理 2.4 (1) $F_1, F_2, \cdots, F_m$ を $\mathbb{R}^n$ の閉集合とすると，和集合

$$F_1 \cup F_2 \cup \cdots \cup F_m$$

もまた $\mathbb{R}^n$ の閉集合である．

(2) 集合 Λ の元 λ に対応して，$\mathbb{R}^n$ の閉集合族 $\{F_\lambda \mid \lambda \in \Lambda\}$ が与えられているとき，共通集合 $\bigcap_{\lambda \in \Lambda} F_\lambda$ もまた $\mathbb{R}^n$ の閉集合である．

$\mathbb{R}^n$ 上の連続写像　部分集合 $X \subset \mathbb{R}^n$ について，写像 $f : X \to \mathbb{R}^m$ が点 $a \in X$ で**連続** (continuous) であることを，次が成り立つことと定義する：

(∗)
$$\forall \varepsilon > 0, \exists\, \delta > 0$$
$$(\forall x \in \mathbb{R}^n, \|x - a\| < \delta \Rightarrow \|f(x) - f(a)\| < \varepsilon)$$

これを距離を使って書き換えると，次のようになる：

(∗)
$$\forall \varepsilon > 0, \exists\, \delta > 0$$
$$(\forall x \in \mathbb{R}^n, d^{(n)}(x, a) < \delta \Rightarrow d^{(m)}(f(x), f(a)) < \varepsilon)$$

すると，上の ε-δ 論法による定義は，近傍を使って次のように言い換えることができる：

(∗)
$$\forall \varepsilon > 0, \exists\, \delta > 0\, (f(N(a; \delta)) \subset N(f(a); \varepsilon))$$

写像 $f : X \to \mathbb{R}^m$ がすべての点 $a \in X$ で連続であるとき，f は X で**連続**である，あるいは X 上の**連続写像** (continuous mapping) であるという．

問　題

2.1 写像 $f : \mathbb{R}^n \to \mathbb{R}^m$ と写像 $g : \mathbb{R}^n \to \mathbb{R}^m$ が点 $a \in \mathbb{R}^n$ で連続ならば，次の写像も点 $a \in \mathbb{R}^n$ で連続である．

(1) $f + g : \mathbb{R}^n \to \mathbb{R}^m$;　$(f + g)(x) = f(x) + g(x)$

(2) $cf : \mathbb{R}^n \to \mathbb{R}^m$;　$(cf)(x) = cf(x), c \in \mathbb{R}$（定数）

定理 2.5　写像 $p_i : \mathbb{R}^n \to \mathbb{R}^1 (i = 1, 2, \cdots, n)$ を次のように定義する：

$$a = (a_1, a_2, \cdots, a_i, \cdots, a_n) \in \mathbb{R}^n$$

について，

$$p_i(a) = a_i$$

このとき，p_i は $\mathbb{R}^n$ 上の連続写像である．

★ p_i を，第 i 座標（または，第 i 因子）への（自然な）**射影** (projection) という．

定理 2.6　写像 $f : \mathbb{R}^n \to \mathbb{R}^m$ が $\mathbb{R}^n$ で連続，写像 $g : \mathbb{R}^m \to \mathbb{R}^k$ が $\mathbb{R}^m$ で連続ならば，合成写像 $g \circ f : \mathbb{R}^n \to \mathbb{R}^k$ も $\mathbb{R}^n$ で連続である．

定理 2.7　写像 $f : \mathbb{R}^n \to \mathbb{R}^m$ について，f と（定理 2.5 で示した）$\mathbb{R}^m$ の第 i 座標への射影 $p_i : \mathbb{R}^m \to \mathbb{R}^1$ の合成写像を f_i で表す；つまり，

$$f_i = p_i \circ f : \mathbb{R}^n \to \mathbb{R}^1 (i = 1, 2, \cdots, m).$$

次が成り立つ：

写像 $f : \mathbb{R}^n \to \mathbb{R}^m$ が連続

$\Leftrightarrow$　関数 $f_1, f_2, \cdots, f_m : \mathbb{R}^n \to \mathbb{R}^1$ がすべて連続．

定理 2.8　写像 $f : \mathbb{R}^n \to \mathbb{R}^m$ について，次の 3 条件は同値である：

(1)　f は $\mathbb{R}^n$ 上の連続写像である．

(2)　$\mathbb{R}^m$ の任意の開集合 U について，f による U の逆像 $f^{-1}(U)$ は常に $\mathbb{R}^n$ の開集合である．

(3)　$\mathbb{R}^m$ の任意の閉集合 F について，f による F の逆像 $f^{-1}(F)$ は常に $\mathbb{R}^n$ の閉集合である．

2.2 距離空間

X を空でない集合とする．直積集合 $X \times X$ 上の実数値関数 $d : X \times X \to \mathbb{R}^1$ が次の 3 つの条件を満足するとき，これを X 上の**距離関数** (distance function, または metric) という：

[D1] $\forall x, y \in X(d(x,y) \geqq 0)$ （正定値性）
特に，$d(x,y) = 0 \Leftrightarrow x = y$.

[D2] $\forall x, y \in X(d(x,y) = d(y,x))$ （対称性）

[D3] $\forall x, y, z \in X(d(x,z) \leqq d(x,y) + d(y,z))$ （三角不等式）

距離関数 d が定義された集合 X を対 (X, d) で表し，**距離空間** (metric space) という．2 点 $x, y \in X$ に対して，$d(x,y)$ を x と y の間の**距離** (distance) という．

★ 上の 3 条件 [D1]，[D2]，[D3] をまとめて，**距離の公理**という．これはユークリッド空間における距離の性質である定理 2.1 を取り上げたものである．

例 2.3 n 次元ユークリッド空間 $(\mathbb{R}^n, d^{(n)})$ は距離空間である（定理 2.1）．実際，ユークリッド空間は，距離空間のモデルである．

例 2.4 関数 $d_0 : \mathbb{R}^n \times \mathbb{R}^n \to \mathbb{R}^1$ を，$x = (x_1, x_2, \cdots, x_n)$，$y = (y_1, y_2, \cdots, y_n)$ に対して，

$$d_0(x,y) = \max\{|x_1 - y_1|, |x_2 - y_2|, \cdots, |x_n - y_n|\}$$

によって定義すれば，$(\mathbb{R}^n, d_0)$ は距離空間になる．

実際，距離の公理が成り立つことは，次のようにして確かめられる：

[D1] $$\forall i \in \{1, 2, \cdots, n\}\,(|x_i - y_i| \geqq 0)$$

が成り立つので，$d_0(x,y) \geqq 0$ である．

$$d_0(x,y) = 0 \quad \Leftrightarrow \quad \forall i \in \{1, 2, \cdots, n\}\,(|x_i - y_i| = 0)$$

であるから，$\forall i \in \{1, 2, \cdots, n\}$ $(x_i = y_i)$ が成り立ち，$x = y$ である．

[D2] $d_0(x,y) = \max\{|x_1 - y_1|, |x_2 - y_2|, \cdots, |x_n - y_n|\}$
$= \max\{|y_1 - x_1|, |y_2 - x_2|, \cdots, |y_n - x_n|\} = d_0(y,x).$

[D3] $x, y, z \in \mathbb{R}^n$ に対して,

$$d_0(x,z) = \max\{|x_1 - z_1|, |x_2 - z_2|, \cdots, |x_n - z_n|\}$$

だから,

$$\exists\, k \in \{1, 2, \cdots, n\}\, (d_0(x,z) = |x_k - z_k|)$$

が成り立つ．よって,

$$\begin{aligned} d_0(x,z) &= |x_k - z_k| = |x_k - y_k + y_k - z_k| \leqq |x_k - y_k| + |y_k - z_k| \\ &\leqq \max\{|x_1 - y_1|, |x_2 - y_2|, \cdots, |x_n - y_n|\} \\ &\quad + \max\{|y_1 - z_1|, |y_2 - z_2|, \cdots, |y_n - z_n|\} \\ &= d_0(x,y) + d_0(y,z) \end{aligned}$$

である．これで [D1], [D2], [D3] がすべて満たされたので，d_0 は $\mathbb{R}^n$ 上の距離関数である．

問 題

2.2 関数 $d_1 : \mathbb{R}^n \times \mathbb{R}^n \to \mathbb{R}^1$ を，$x = (x_1, x_2, \cdots, x_n)$，$y = (y_1, y_2, \cdots, y_n)$ に対して,

$$d_1(x,y) = |x_1 - y_1| + |x_2 - y_2| + \cdots + |x_n - y_n|$$

によって定義すると，$(\mathbb{R}^n, d_1)$ は距離空間であることを証明しなさい．

例 2.5 閉区間 $[a,b]$ 上の実数値連続関数の全体を，$C[a,b]$ によって表す．閉区間 $[a,b]$ はハイネ-ボレルの被覆定理（後に，定理 2.17 で証明する）によりコンパクトであるから，$C[a,b]$ の元はすべて有界な関数である．(★この事実は，2.5 節において改めて一般化して証明する.) したがって，関数

$$d : C[a,b] \times C[a,b] \to \mathbb{R}^1, \quad d(f,g) = \int_a^b |f(x) - g(x)|dx$$

が定義される．

実際，$d(f,g)$ は，x-y 平面上で，$y = f(x)$，$y = g(x)$ のグラフと直線

$x = a$, $x = b$ で囲まれた部分の面積を表しており（下図参照），$(C[a,b], d)$ は距離空間である．

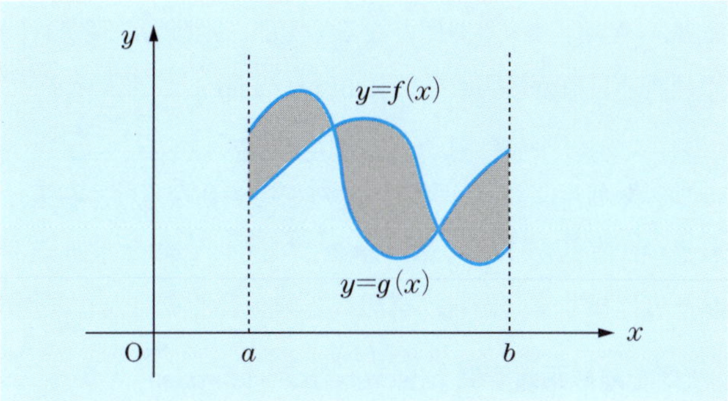

関数 d が距離の公理 [D1] と [D2] を満たしていることは直ちに確かめられる．そこで [D3] を満たしていることを示す．$f, g, h \in C[a,b]$ に対して，

$$\forall x, a \leqq x \leqq b$$

$$\Rightarrow \quad |f(x) - h(x)| \leqq |f(x) - g(x)| + |g(x) - h(x)|$$

が成り立つから，

$$\begin{aligned} d(f,h) &= \int_a^b |f(x) - h(x)| dx \\ &\leqq \int_a^b |f(x) - g(x)| dx + \int_a^b |g(x) - h(x)| dx \\ &= d(f,g) + d(g,h) \end{aligned}$$

である．よって，d は $C[a,b]$ 上の距離関数である．

問　題

2.3 関数 $d_s : C[a,b] \times C[a,b] \to \mathbb{R}^1$ を，

$$d_s(f,g) = \sup\{|f(x) - g(x)| \,|\, a \leqq x \leqq b\}$$

と定義すると，$(C[a,b], d_s)$ は距離空間であることを証明しなさい．

例 2.6 X を空でない集合とする．関数 $d : X \times X \to \mathbb{R}^1$ を，

$$d(x,y) = \begin{cases} 0 & (x = y) \\ 1 & (x \neq y) \end{cases}$$

と定義すると，(X,d) は距離空間となる．実際，距離の公理 [D1] と [D2] が成り立つのは直ちに確かめられる．[D3] は，$x, y, z \in X$ について，

$$d(x,z) \leqq d(x,y) + d(y,z)$$

が成り立つことを示せばよい．実際，この左辺が 0 ならば，右辺は 0 以上なので，成り立つ．左辺が 1 ならば $x \neq z$ であり，このとき $x \neq y$ か $y \neq z$ のいずれか一方は成り立つから，右辺も 1 以上になり，成り立つ．

この距離空間を**離散距離空間** (discrete metric space) という．すべての点がばらばらに離れているという特殊なものだが，どんな集合も距離空間になる簡単な例として，また極端な場合の例として，しばしば使われる．

例 2.7 (X,d) を距離空間とするとき，部分集合 $A \subset X$ に対して，

$$d_A : A \times A \to \mathbb{R}^1; \quad d_A(a,b) = d(a,b)$$

で定義される関数 d_A は自然に A 上の距離関数となる．このようにして得られた距離空間 (A, d_A) を距離空間 (X,d) の**部分距離空間** (metric subspace) という．

例 2.8 (Y, d_Y) を距離空間とし，集合 X から Y への単射 $f : X \to Y$ が与えられたとする．このとき，

$$d_X : X \times X \to \mathbb{R}^1; \quad d_X(x,x') = d_Y(f(x), f(x'))$$

で定義される関数 d_X は X 上の距離関数である．実際，次が確かめられる：

[D1] $d_X(x,x') = d_Y(f(x), f(x')) \geqq 0.$

$$\begin{aligned} d_X(x,x') = 0 \quad &\Leftrightarrow \quad d_Y(f(x), f(x')) = 0 \\ &\Leftrightarrow \quad f(x) = f(x') \\ &\Leftrightarrow \quad x = x' \end{aligned}$$

[D2] $d_X(x,x') = d_Y(f(x),f(x')) = d_Y(f(x'),f(x)) = d_X(x',x)$.

[D3] $$\begin{aligned} d_X(x,x'') &= d_Y(f(x),f(x'')) \\ &\leqq d_Y(f(x),f(x')) + d_Y(f(x'),f(x'')) \\ &= d_X(x,x') + d_X(x',x'') \end{aligned}$$

例 2.9 $M(n,\mathbb{R})$ を実数を成分とする n 次正方行列全体の集合とする．n 次正方行列 $M \in M(n,\mathbb{R})$ に対して，その $n \times n$ 個の成分をある一定の規則で横に並べて（たとえば，1 行目，2 行目，3 行目，$\cdots$ の順に横に並べて）$\mathbb{R}^{n\times n}$ の 1 点を対応させることにより，全単射 $f : M(n,\mathbb{R}) \to \mathbb{R}^{n\times n}$ が得られる．上の例 2.8 より，この全単射 f によって $M(n,\mathbb{R})$ は距離空間となる．

n 次**直交群** $O(n)$，n 次**実一般線形群** $GL(n,\mathbb{R})$ などの $M(n,\mathbb{R})$ の部分集合は，例 2.7 の意味で，距離空間 $M(n,\mathbb{R})$ の部分距離空間となる．

例 2.10 (X,d_X)，(Y,d_Y) を距離空間とする．直積集合 $X \times Y$ において，関数

$$d : (X \times Y) \times (X \times Y) \to \mathbb{R}^1$$

を，(x_1,y_1)，$(x_2,y_2) \in X \times Y$ に対して，

$$d((x_1,y_1),(x_2,y_2)) = \sqrt{d_X(x_1,x_2)^2 + d_Y(y_1,y_2)^2}$$

と定義すると，$(X \times Y, d)$ は距離空間となる．

実際，距離の公理 [D1] と [D2] が成り立つのは明らかである．[D3] が成り立つことを確かめてみる．第 3 の点 $(x_3,y_3) \in X \times Y$ について，

$$d_X(x_1,x_3) \leqq d_X(x_1,x_2) + d_X(x_2,x_3)$$

$$d_Y(y_1,y_3) \leqq d_Y(y_1,y_2) + d_Y(y_2,y_3)$$

であるから，

$$\begin{aligned} & d((x_1,y_1),(x_3,y_3))^2 \\ & \quad \leqq \{d_X(x_1,x_2) + d_X(x_2,x_3)\}^2 + \{d_Y(y_1,y_2) + d_Y(y_2,y_3)\}^2 \end{aligned}$$

が成り立つ．ここで，$a_1 = d_X(x_1,x_2)$，$a_2 = d_Y(y_1,y_2)$，$b_1 = d_X(x_2,x_3)$，

$b_2 = d_Y(y_2, y_3)$ とおくと，後は実数の不等式の問題となり，シュワルツの不等式（補題 2.1）を利用して，求める [D3] の不等式を導くことができる．

$\mathbb{R}^n$ のユークリッドの距離 $d^{(n)}$ は，絶対値で定義した $\mathbb{R}^1$ の距離 $d^{(1)}$ を利用して，これを n 個直積して作った距離であることがわかる．

次の問題 2.4 に見られるように，直積集合 $X \times Y$ 上にはいろいろな距離関数が定義されるが，この例題のようにして得られる距離空間 $(X \times Y, d)$ を，距離空間 $(X, d_X), (Y, d_Y)$ の**直積距離空間**という．

問 題

2.4 $(X, d_X), (Y, d_Y)$ を距離空間とする．このとき，次の (1)，(2) で与えられる関数

$$d_1, d_2 : (X \times Y) \times (X \times Y) \to \mathbb{R}^1$$

は，いずれも直積集合 $X \times Y$ 上の距離関数となることを証明しなさい．

(1) $d_1((x_1, y_1), (x_2, y_2)) = \max\{d_X(x_1, x_2), d_Y(y_1, y_2)\}$

(2) $d_2((x_1, y_1), (x_2, y_2)) = d_X(x_1, x_2) + d_Y(y_1, y_2)$

2.5 (X, d) を距離空間とするとき，関数 $d' : X \times X \to \mathbb{R}^1$ を

$$d'(x, y) = \frac{d(x, y)}{1 + d(x, y)}$$

と定義すると，d' も X 上の距離関数となることを証明しなさい．

2.6 次の (1)，(2) で与えられる関数

$$d_1, d_2 : \mathbb{R} \times \mathbb{R} \to \mathbb{R}^1$$

は実数全体の集合 $\mathbb{R}$ 上の距離関数であるかどうかを調べなさい．

(1) $d_1(x, y) = |x^3 - y^3|$

(2) $d_2(x, y) = |x^4 - y^4|$

2.7 次の (1)，(2) で与えられる関数

$$d_1, d_2 : \mathbb{R}^2 \times \mathbb{R}^2 \to \mathbb{R}^1$$

は，直積集合 $\mathbb{R}^2 = \mathbb{R} \times \mathbb{R}$ 上の距離関数であるかどうかを調べなさい．

(1) $d_1((x_1, y_1), (x_2, y_2)) = |x_1 - x_2|$

(2) $d_2((x_1, y_1), (x_2, y_2)) = \alpha|x_1 - x_2| + \beta|y_1 - y_2|$ （α, β は正の定数）

2.3　距離空間の開集合・閉集合

距離空間においても，距離 d を利用して，開集合を定義し，連続写像について議論することができる．

(X, d) を距離空間とする．点 $a \in X$ と実数 $\varepsilon > 0$ に対して，

$$N(a; \varepsilon) = \{x \in X \,|\, d(x, a) < \varepsilon\}$$

を，点 a の **ε-近傍** (ε-neighborhood) という．

例 2.11　(1)　$\mathbb{R}^2$ 上の，ユークリッドの距離 $d^{(2)}$，例 2.4 で示した距離 d_0，問題 2.2 で取り上げた距離 d_1 に関する ε-近傍を図示すれば，それぞれ下図のようになる．

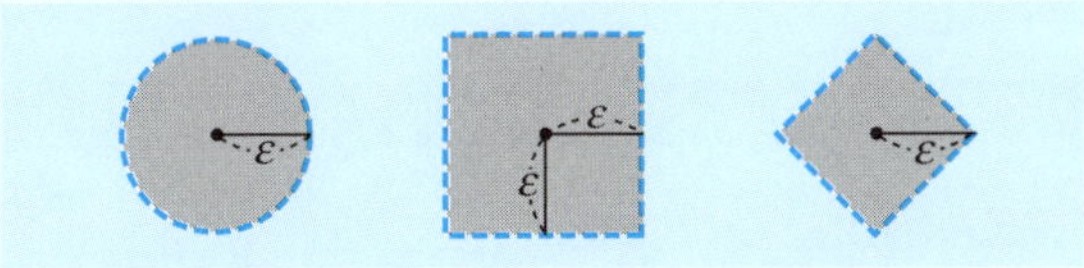

(2)　例 2.6 で取り上げた離散距離空間 (X, d) では，点 x の ε-近傍は

$$N(x; \varepsilon) = \begin{cases} \{x\} & (\varepsilon \leqq 1) \\ X & (\varepsilon > 1) \end{cases}$$

となる．このように，距離空間を一般的に考える場合には，ユークリッド空間の場合とは，かけ離れたものが現れることに注意すべきである．

開集合　(X, d) を距離空間とする．部分集合 $U \subset X$ が**開集合** (open set, open subset) であるとは，

$$\forall x \in U, \exists\, \varepsilon > 0\, (N(x; \varepsilon) \subset U)$$

が真なる命題である場合をいう．X の開集合の全体を $\boldsymbol{O}_d(X)$ で表す．

例題 2.1

距離空間 (X, d) において，任意の点 $a \in X$ と任意の実数 $\varepsilon > 0$ について，ε-近傍 $N(a; \varepsilon)$ は X の開集合である；$N(a; \varepsilon) \in \boldsymbol{O}_d(X)$.

証明　点 $x \in N(a;\varepsilon)$ に対して，$\delta = \varepsilon - d(a,x)$ とすると，$\delta > 0$ である．

このとき，任意の $y \in N(x;\delta)$ について，$d(x,y) < \delta$ であることに注意すると，三角不等式より，

$$d(a,y) \leqq d(a,x) + d(x,y) < d(a,x) + \delta = \varepsilon$$

が成り立つ．よって，$y \in N(a;\varepsilon)$；したがって，$N(x;\delta) \subset N(a;\varepsilon)$. ◆

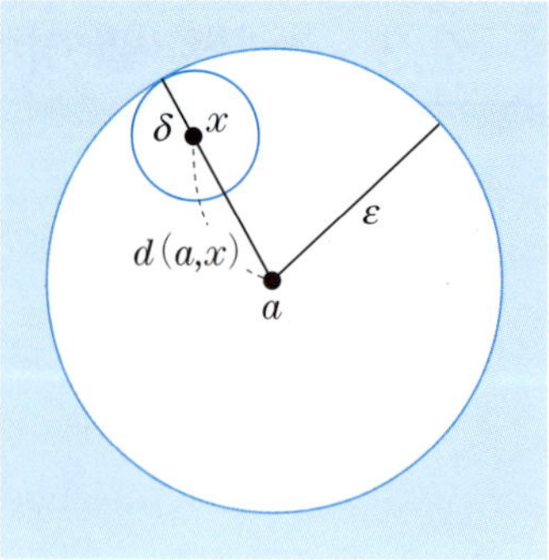

問　題

2.8　(X,d) を距離空間とする．任意の点 $x \in X$ について，$X - \{x\}$ は X の開集合であることを証明しなさい．

定理 2.9　距離空間 (X,d) の開集合の全体 $\boldsymbol{O}_d(X)$ は，次の性質をもつ：

[O1]　$X \in \boldsymbol{O}_d(X), \varnothing \in \boldsymbol{O}_d(X)$

[O2]　$U_1, U_2, \cdots, U_m \in \boldsymbol{O}_d(X) \Rightarrow U_1 \cap U_2 \cap \cdots \cap U_m \in \boldsymbol{O}_d(X)$

[O3]　$\{U_\lambda \in \boldsymbol{O}_d(X) \mid \lambda \in \varLambda\} \Rightarrow \bigcup_{\lambda \in \varLambda} U_\lambda \in \boldsymbol{O}_d(X)$

証明　[O1] 命題 $\forall x \in X (N(x;1) \subset X)$ は真であるから，X は X の開集合である．また，$x \in \varnothing$ となる x は存在しないので，命題

$$\forall x \in \varnothing, \exists\, \varepsilon > 0\,(N(x;\varepsilon) \subset \varnothing)$$

は真である．

[O2] 任意の点 $x \in U_1 \cap U_2 \cap \cdots \cap U_m$ について，$x \in U_i$ で U_i は開集合であるから，実数 $\varepsilon_i > 0$ が存在して，$N(x;\varepsilon_i) \subset U_i$ となる；$i = 1, 2, \cdots, m$．そこで，

$$\varepsilon = \min\{\varepsilon_1, \varepsilon_2, \cdots, \varepsilon_m\}$$

とすると，$\varepsilon > 0$ であり，$N(x;\varepsilon) \subset N(x;\varepsilon_i)$ が成り立つ；$i = 1, 2, \cdots, m$．よって，

$$N(x;\varepsilon) \subset U_i;\ i = 1, 2, \cdots, m$$

が成り立つから，

$$N(x;\varepsilon) \subset U_1 \cap U_2 \cap \cdots \cap U_m$$

が成り立つ．よって，$U_1 \cap U_2 \cap \cdots \cap U_m$ は X の開集合である．

[O3] 任意の $x \in \bigcup_{\lambda \in \Lambda} U_\lambda$ に対して，$\mu \in \Lambda$ が存在して，$x \in U_\mu$ となる．U_μ は開集合であるから，実数 $\varepsilon > 0$ が存在して，$N(x;\varepsilon) \subset U_\mu$ となる．すると，

$$N(x;\varepsilon) \subset U_\mu \subset \bigcup_{\lambda \in \Lambda} U_\lambda$$

が成り立つ．よって，$\bigcup_{\lambda \in \Lambda} U_\lambda$ も X の開集合である． ◆

(X,d) を距離空間とする．部分集合 $A \subset X$ について，部分距離空間 (A, d_A) が定まる (例 2.7)．d_A の定義から，点 $a \in A$ のこの距離空間 (A, d_A) における ε-近傍は $N_A(a;\varepsilon)$ は，a の (X,d) における ε-近傍 $N(a;\varepsilon)$ を使って，

$$N_A(a;\varepsilon) = A \cap N(a;\varepsilon)$$

と表される．この事実は，部分距離空間の定義から明らかであるが，よく使われるので，次のかたちにまとめておく．

補題 2.2　(X,d) を距離空間とし，$B \subset A \subset X$ とする．

B が部分距離空間 (A, d_A) の開集合であるための必要十分条件は，(X,d) の開集合 U が存在して，$B = A \cap U$ となることである：

$$B \in \boldsymbol{O}_{d_A}(A) \quad \Leftrightarrow \quad \exists\, U \in \boldsymbol{O}_d(X)(B = A \cap U)$$ ◆

閉集合　距離空間 (X,d) の部分集合 $F \subset X$ が**閉集合** (closed set, closed subset) であるとは，その補集合 $F^c = X - F$ が X の開集合となる場合をいう．X の閉集合の全体を $\boldsymbol{A}_d(X)$ で表す．

問　題

2.9　距離空間 (X,d) においては，任意の点 $x \in X$ について，1 点集合 $\{x\}$ は閉集合であることを証明しなさい．

2.10　(X,d) を距離空間とする．任意の点 $a \in X$ と任意の実数 $r > 0$ について，

$$D(a;r) = \{x \in X \,|\, d(x,a) \leqq r\}$$

を，a を中心とする半径 r の**球体**（または**閉球体**，**閉球**）(ball, closed ball) という．

球体は X の閉集合であることを証明しなさい．

定理 2.10 距離空間 (X,d) の閉集合の全体 $\boldsymbol{A}_d(X)$ は，次の性質をもつ：

(1) $\varnothing \in \boldsymbol{A}_d(X), X \in \boldsymbol{A}_d(X)$

(2) $F_1, F_2, \cdots, F_m \in \boldsymbol{A}_d(X) \quad \Rightarrow \quad F_1 \cup F_2 \cup \cdots \cup F_m \in \boldsymbol{A}_d(X)$

(3) $\{F_\lambda \in \boldsymbol{A}_d(X) \mid \lambda \in \Lambda\} \quad \Rightarrow \quad \bigcap_{\lambda \in \Lambda} F_\lambda \in \boldsymbol{A}_d(X)$

証明 (2) ド・モルガンの法則 (定理 1.3 (5)) より，

$$(F_1 \cup F_2 \cup \cdots \cup F_m)^c = F_1^c \cap F_2^c \cap \cdots \cap F_m^c$$

であり，仮定から各 F_i^c は開集合であるから，定理 2.9 [O2] より $(F_1 \cup F_2 \cup \cdots \cup F_m)^c$ は $\mathbb{R}^n$ の開集合である．よって，定義より $F_1 \cup F_2 \cup \cdots \cup F_m$ は閉集合である．

(3) ド・モルガンの法則 (定理 1.4 (2)) より，

$$\left(\bigcap_{\lambda \in \Lambda} F_\lambda\right)^c = \bigcup_{\lambda \in \Lambda} F_\lambda^c$$

であり，仮定から各 F_λ^c は開集合である．定理 2.9 [O3] より，これは開集合であり，したがって，定義より，$\bigcap_{\lambda \in \Lambda} F_\lambda$ は閉集合である． ◆

補題 2.3 補題 2.2 に対応して，次が成り立つ．

(X,d) を距離空間とし，$B \subset A \subset X$ とする．

B が部分距離空間 (A, d_A) の閉集合であるための必要十分条件は，(X,d) の閉集合 F が存在して，$B = A \cap F$ となることである：

$$B \in \boldsymbol{A}_{d_A}(A) \quad \Leftrightarrow \quad \exists\, F \in \boldsymbol{A}_d(X)(B = A \cap F)$$ ◆

内点・外点・境界点 距離空間 (X,d) の部分集合 $A \subset X$ と点 $x \in X$ の位置関係について，次のように定義する：

(i) 点 x が A の**内点** $\equiv \exists\, \varepsilon > 0\, (N(x;\varepsilon) \subset A)$

(e) 点 x が A の**外点** $\equiv \exists\, \varepsilon > 0\, (N(x;\varepsilon) \subset A^c = X - A)$

(f) 点 x が A の**境界点** $\equiv \forall \varepsilon > 0\, (N(x;\varepsilon) \cap A \neq \varnothing \wedge N(x;\varepsilon) \cap A^c \neq \varnothing)$

A の**内点** (interior point) の全体を A^i で表し，A の**内部**または**開核**

(interior) という．点 $x \in X$ が A の内点ならば，$x \in N(x;\varepsilon) \subset A$ だから，必然的に $x \in A$ である．

$$A^i = \{x \in A \mid \exists\, \varepsilon > 0\ (N(x;\varepsilon) \subset A)\ \}$$

A の**外点** (exterior point) の全体を A^e で表し，A の**外部** (exterior) という．点 $x \in X$ が A の外点ならば，$x \in A^c$, したがって $x \notin A$ である．

$$A^e = \{x \in A^c \mid \exists\, \varepsilon > 0\ (N(x;\varepsilon) \subset A^c)\ \} = (A^c)^i$$

A の**境界点** (frontier point, boundary point) の全体を A^f で表し，A の**境界** (frontier, boundary) という．

$$A^f = \{x \in X \mid \forall \varepsilon > 0\, (N(x;\varepsilon) \cap A \neq \varnothing \wedge N(x;\varepsilon) \cap A^c \neq \varnothing)\}$$

境界点については，A に属する場合も属さない場合もあり得る．

上の定義を比べると，任意の点 $x \in X$ は，集合 A の内点・外点・境界点のいずれか 1 つであることがわかり，次が成り立つ：

(☆)　$X = A^i \cup A^e \cup A^f;\quad A^i \cap A^e = A^e \cap A^f = A^f \cap A^i = \varnothing$

また，開集合の定義を，上で定義した「内点」という用語を用いて書き直すと次のようになる：

命題 2.1　距離空間 (X, d) の部分集合 $A \subset X$ について，次が成り立つ：

$$A \text{ が } X \text{ の開集合} \quad \Leftrightarrow \quad A = A^i$$

★ 部分集合 $A \subset X$ について，$A \supset A^i$ はいつでも成り立つから，A が X の開集合であることを示すには，$A \subset A^i$ を示せば十分であることがわかる．

定理 2.11　(X, d) を距離空間とする．次が成り立つ：

(1)　部分集合 $A, B \subset X$ について，$A \subset B \Rightarrow A^i \subset B^i$.

(2)　部分集合 $A \subset X$ の開核 A^i は X の開集合である；$(A^i)^i = A^i$.

(3)　部分集合 $A \subset X$ の開核 A^i は A に含まれる最大の開集合である．したがって，外部 A^e は A^c に含まれる最大の開集合である．

(4)　部分集合 $A, B \subset X$ について，$(A \cap B)^i = A^i \cap B^i$.

証明 (1), (2) は内点の定義と前頁の命題から直ちに証明される．

(3) $B \subset X$ が X の開集合で，$B \subset A$ ならば，$B \subset A^i$ であることを証明する．

$x \in B$ とすると，B は開集合なので，

$$\exists\, \varepsilon > 0\, (N(x;\varepsilon) \subset B)$$

ところが，$B \subset A$ だから，

$$\exists\, \varepsilon > 0\, (N(x;\varepsilon) \subset A)$$

これは A の内点の定義そのものであるから，$x \in A^i$．よって，$B \subset A^i$．

(4)〔$(A \cap B)^i \supset A^i \cap B^i$ の証明〕 $A^i \subset A, B^i \subset B$ であるから，$A^i \cap B^i \subset A \cap B$．定理 2.9 [O2] と上の (2) より，$A^i \cap B^i$ は開集合である．一方，上の (3) より $(A \cap B)^i$ は $A \cap B$ に含まれる最大の開集合である．よって，$(A \cap B)^i \supset A^i \cap B^i$．

〔$(A \cap B)^i \subset A^i \cap B^i$ の証明〕 上の (3) より，A^i は A に含まれる最大の開集合で，$A \cap B \subset A$ であるから，$(A \cap B)^i \subset A^i$．まったく同様にして，$(A \cap B)^i \subset B^i$．したがって，$(A \cap B)^i \subset A^i \cap B^i$． ◆

★ $\mathbb{R}^1$ において，$A = (-1, 0]$，$B = (0, 1)$ とすると，$(A \cup B)^i = (-1, 1)$，$A^i \cup B^i = (-1, 0) \cup (0, 1)$ であるから，$(A \cup B)^i \neq A^i \cup B^i$ である．

一般に，距離空間 (X, d) の部分集合 $A, B \subset X$ について，$(A \cup B)^i \supset A^i \cup B^i$ が成り立つが，等号は必ずしも成立しない．

問題

2.11 距離空間 (X, d) の任意の部分集合 $A \subset X$ について，その境界 A^f は X の閉集合であることを証明しなさい．

触点・集積点・孤立点 (X, d) を距離空間とする．部分集合 $A \subset X$ と点 $x \in X$ について，次のように定める：

(イ) 点 x が A の**触点** $\equiv \forall \varepsilon > 0 (N(x;\varepsilon) \cap A \neq \varnothing)$

(ロ) 点 x が A の**集積点** $\equiv \forall \varepsilon > 0 (N(x;\varepsilon) \cap (A - \{x\}) \neq \varnothing)$

(ハ) 点 x が A の**孤立点** $\equiv \exists\, \varepsilon > 0 (N(x;\varepsilon) \cap A = \{x\})$

この定義から，A の点はすべて A の触点であることがわかる．内点・外点・境界点の定義と比較してみると，x が A の触点であることと，x が A の

内点または境界点であることは同じである．A の**触点** (adherent point) の全体を A^a で表し，A の**閉包** (closure) という．

$$A^a = \{x \in X \,|\, \forall \varepsilon > 0 (N(x;\varepsilon) \cap A \neq \varnothing)\} \\ = A^i \cup A^f \supset A$$

A の**集積点** (accumulation point) の全体を A の**導集合** (derived set) といい，A^d で表す．上の定義から，$x \notin A$ である場合には，x が A の触点であることと集積点であることは同等であり，$A - A^d$ の点が A の**孤立点** (isolated point) であり，$A^a = A^d \cup \{A$ の孤立点$\}$ である．

定理 2.12 距離空間 (X, d) と部分集合 $A \subset X$ について，次が成り立つ：

(1) A の閉包 A^a は A を含む X の最小の閉集合である．

(2) A が X の閉集合 $\Leftrightarrow$ $A = A^a$

(3) $A^a = (A^a)^a$

証明 (1) A^a が X の閉集合であることを示す．$(A^a)^c = X - A^a = X - (A^i \cup A^f) = A^e$ で，A^e は X の開集合であるから（定理 2.11 (3)），A^a は X の閉集合である．次に A^a の最小性を示す．つまり，$B \subset X$ が X の閉集合で，$B \supset A$ ならば，$B \supset A^a$ であることを証明する．そのためには，$B^c \subset (A^a)^c$ を示せば十分である．

$x \in B^c$ とすると，B^c は開集合なので，

$$\exists\, \varepsilon > 0\, (N(x;\varepsilon) \subset B^c)$$

ところが，$B \supset A$ だから，$B^c \subset A^c$ が成り立つので，

$$\exists\, \varepsilon > 0\, (N(x;\varepsilon) \subset A^c)$$

これは A の外点の定義そのものであるから，$x \in A^e = (A^a)^c$．

(2)〔$\Rightarrow$ の証明〕 A が閉集合ならば，上の (1) の A^a の最小性より，$A \supset A^a$ である．一般に $A \subset A^a$ であるから，$A = A^a$．

〔$\Leftarrow$ の証明〕 上の (1) より，A^a は X の閉集合である．

(3) は上の (2) から直ちにわかる． ◆

★ この結果，部分集合 $A \subset X$ が閉集合であることを示すためには，「$A \supset A^a$」が成立することを示せば十分である．実際，閉集合の定義の前にまず「閉包」を定義し，閉包を使って，「$A = A^a$ が成り立つとき，A を閉集合という」と定める場合も多い．

問　題

2.12 距離空間 (X,d) の部分集合 $A,\ B\subset X$ について，次が成り立つことを証明しなさい：

$$A\subset B \Rightarrow A^a\subset B^a,\ A^d\subset B^d$$

例題 2.2

距離空間 (X,d) の部分集合 $A,\ B\subset X$ について，次が成り立つ：

(1)　$(A\cup B)^a = A^a\cup B^a$

(2)　$(A\cup B)^d = A^d\cup B^d$

証明　(1)　$(A\cup B)^a\supset A^a$，$(A\cup B)^a\supset B^a$ が成り立つので（問題 2.12），$(A\cup B)^a\supset A^a\cup B^a$ が成り立つ．

一般に，$A\subset A^a$，$B\subset B^a$ だから，$A\cup B\subset A^a\cup B^a$ が成り立ち，$A^a\cup B^a$ は閉集合である（定理 2.12 (1) と定理 2.10 (2)）．ところが定理 2.12 (1) より，$(A\cup B)^a$ は $A\cup B$ を含む最小の閉集合であるから，$(A\cup B)^a\subset A^a\cup B^a$ が成り立つ．先の包含関係とあわせて，$(A\cup B)^a = A^a\cup B^a$ が成り立つ．

(2)　$(A\cup B)^d\supset A^d$，$(A\cup B)^d\supset B^d$ が成り立つので（問題 2.12），$(A\cup B)^d\supset A^d\cup B^d$ が成り立つ．

次に，逆の包含関係 $(A\cup B)^d\subset A^d\cup B^d$ を証明する．$x\in(A\cup B)^d$ とする．

（イ）　$x\notin A^d$ と仮定すると，$\exists\,\delta>0\,(N(x;\delta)\cap(A-\{x\})=\varnothing)$.

ところが，$x\in(A\cup B)^d$ だから，$\forall\varepsilon>0,\ 0<\varepsilon<\delta$，に対して，

$$N(x;\varepsilon)\cap(A\cup B-\{x\})\neq\varnothing,$$
$$N(x;\varepsilon)\cap(A-\{x\})=\varnothing$$

が成り立つ．ところで，

$$\begin{aligned}&N(x;\varepsilon)\cap(A\cup B-\{x\})\\&\quad=N(x;\varepsilon)\cap\{(A-\{x\})\cup(B-\{x\})\}\\&\quad=(N(x;\varepsilon)\cap(A-\{x\}))\cup(N(x;\varepsilon)\cap(B-\{x\}))\end{aligned}$$

であるから，

$$N(x;\varepsilon)\cap(B-\{x\})\neq\varnothing$$

が成り立つ．ゆえに，$x\in B^d$ である．

（ロ）　$x\notin B^d$ と仮定すると，（イ）と全く同様にして，$x\in A^d$ が結論される．

（イ）と（ロ）より，$x\in A^d\cup B^d$ となるから，$(A\cup B)^d\subset A^d\cup B^d$ でもある．先の包含関係と合わせて，$(A\cup B)^d = A^d\cup B^d$ が証明された． ◆

(X, d) を距離空間とする．部分集合 A, $B \subset X$ について，A と B の**距離** (distance) を，

$$\mathrm{dist}(A, B) = \inf\{d(a, b) \,|\, a \in A, b \in B\}$$

と定義する．$d(a, b) \geqq 0$ だから，$\mathrm{dist}(A, B) \geqq 0$ である．$A = \{a\}$ の場合は，$\mathrm{dist}(\{a\}, B)$ を $\mathrm{dist}(a, B)$ で表し，点 a と集合 B の**距離**という．

例題 2.3

(X, d) を距離空間とする．部分集合 $A \subset X (A \neq \varnothing)$ と，点 $x, y \in X$ について，次が成り立つ：

(1)　$|\mathrm{dist}(x, A) - \mathrm{dist}(y, A)| \leqq d(x, y)$

(2)　$x \in A^a \quad \Leftrightarrow \quad \mathrm{dist}(x, A) = 0$

(3)　$x \in A^i \quad \Leftrightarrow \quad \mathrm{dist}(x, A^c) > 0$

証明　(1)　三角不等式により，次が成り立つ：

$$\forall a \in A \,(d(x, a) \leqq d(x, y) + d(y, a))$$

$$\therefore \quad \mathrm{dist}(x, A) = \inf\{d(x, a) \,|\, a \in A\} \leqq d(x, y) + d(y, a)$$

ゆえに，$\mathrm{dist}(x, A) - d(x, y)$ は集合 $\{d(y, a) \,|\, a \in A\}$ の 1 つの下界である．

$$\therefore \quad \mathrm{dist}(x, A) - d(x, y) \leqq \mathrm{dist}(y, A)$$

同様にして，

$$\mathrm{dist}(y, A) - d(y, x) \leqq \mathrm{dist}(x, A)$$

$$\therefore \quad -d(y, x) \leqq \mathrm{dist}(x, A) - \mathrm{dist}(y, A) \leqq d(x, y).$$

ここで，$d(x, y) = d(y, x) \geqq 0$ だから，この式は次のように書き換えられる：

$$|\mathrm{dist}(x, A) - \mathrm{dist}(y, A)| \leqq d(x, y).$$

(2)　$\mathrm{dist}(x, A) = 0 \quad \Leftrightarrow \quad \forall \varepsilon > 0, \exists\, a \in A (d(x, a) < \varepsilon)$
$\quad \Leftrightarrow \quad \forall \varepsilon > 0 \,(N(x; \varepsilon) \cap A \neq \varnothing) \quad \Leftrightarrow \quad x \in A^a$

(3)　$\mathrm{dist}(x, A^c) > 0 \quad \Leftrightarrow \quad \exists\, \varepsilon > 0 \,(N(x; \varepsilon) \cap A^c = \varnothing)$
$\quad \Leftrightarrow \quad \exists\, \varepsilon > 0 \,(N(x; \varepsilon) \subset A) \quad \Leftrightarrow \quad x \in A^i$ ◆

問　題

2.13　距離空間 (X, d) の部分集合 A, B と点 x に対して，次の式を証明しなさい：

$$\mathrm{dist}(A, B) \leqq \mathrm{dist}(x, A) + \mathrm{dist}(x, B)$$

2.4 距離空間上の連続写像

ユークリッド空間の場合にならって，距離空間上の連続写像を自然に次のように定義する．

$(X, d_X), (Y, d_Y)$ を距離空間とし，$f : X \to Y$ を写像とする．f が点 $a \in X$ で**連続** (continuous) であることを，次が成り立つことと定義する：

（$*$） $\forall \varepsilon > 0, \exists\, \delta > 0\, (\forall x \in X, d_X(x, a) < \delta \Rightarrow d_Y(f(x), f(a)) < \varepsilon)$

この定義は，近傍を使って，次のように言い換えることができる：

（$*$） $\forall \varepsilon > 0, \exists\, \delta > 0\, (f(N(a;\delta)) \subset N(f(a);\varepsilon))$

ここで，近傍を示すのに同じ N を用いているが，前の N は X での近傍であり，後の N は Y での近傍である．

写像 $f : X \to Y$ がすべての点 $a \in X$ で連続であるとき，f は (X, d_X) で（距離 d_X と d_Y に関して）**連続**である，あるいは (X, d_X) 上の**連続写像** (continuous map) であるという．また，この状態を，

$$\text{連続写像 } f : (X, d_X) \to (Y, d_Y)$$

と表現することが多い．

距離空間上の連続写像も，定理 2.8 のように，開集合・閉集合を用いて特徴付けることができる．

定理 2.13 $(X, d), (Y, d')$ を距離空間とし，$f : X \to Y$ を写像とする．このとき，次の 3 条件は同値である：

(1) f は X 上の連続写像である．

(2) Y の任意の開集合 U について，f による U の逆像 $f^{-1}(U)$ は X の開集合である； $\forall U \in \boldsymbol{O}_{d'}(Y)(f^{-1}(U) \in \boldsymbol{O}_d(X))$.

(3) Y の任意の閉集合 F について，f による F の逆像 $f^{-1}(F)$ は X の閉集合である； $\forall F \in \boldsymbol{A}_{d'}(Y)(f^{-1}(F) \in \boldsymbol{A}_d(X))$.

証明　〔(1)⇒(2) の証明〕　任意の $a \in f^{-1}(U)$ について，$f(a) \in U$ である．U は Y の開集合であるから，

$$\exists\,\varepsilon > 0\,(N(f(a);\varepsilon) \subset U)$$

が成り立つ．条件 (1) から，f は点 a で連続であるから，この ε に対して

$$\exists\,\delta > 0\,(f(N(a;\delta) \subset N(f(a);\varepsilon))$$

が成り立つ．よって，$f(N(a;\delta)) \subset U$ となる．したがって，$N(a;\delta) \subset f^{-1}(U)$ である．ゆえに，$f^{-1}(U)$ は X の開集合である．

〔(2)⇒(1) の証明〕　任意の点 $a \in X$ と任意の $\varepsilon > 0$ に対して，点 $f(a)$ の ε-近傍 $N(f(a);\varepsilon)$ は例題 2.1 により Y の開集合である．条件 (2) から，逆像 $f^{-1}(N(f(a);\varepsilon))$ は X の開集合であり，点 a を含んでいる．よって，次が成り立つ：

$$\exists\,\delta > 0\,(N(a;\delta) \subset f^{-1}(N(f(a);\varepsilon))$$
$$\therefore\quad f(N(a;\delta)) \subset N(f(a);\varepsilon)$$

よって，f は任意の点 $a \in X$ において連続である．

〔(2)⇒(3) の証明〕　Y の任意の閉集合 F について，第 1 章の定理 1.8 (5) より，

$$(f^{-1}(F))^c = f^{-1}(F^c)$$

が成り立つ．いま F^c は Y の開集合であるから，条件 (2) より，$f^{-1}(F^c)$ は X の開集合である．よって，$f^{-1}(F)$ は X の閉集合である．

〔(3)⇒(2) の証明〕　Y の任意の開集合 U について，第 1 章の定理 1.8 (5) より

$$(f^{-1}(U))^c = f^{-1}(U^c)$$

が成り立つ．いま U^c は Y の閉集合であるから，条件 (3) より，$f^{-1}(U^c)$ は X の閉集合である．よって，$f^{-1}(U)$ は X の開集合である．◆

★ この定理により，「連続写像」は開集合（または閉集合）が定義されていれば，距離空間の場合と同じように，定義できることになる．そこで，集合 X の部分集合族 $\boldsymbol{O}(X)$ が定理 2.9 の 3 つの性質 [O1], [O2], [O3] を満たすとき，$\boldsymbol{O}(X)$ の要素を X の開集合と決めることにより，第 3 章で取り扱う「位相空間」が定義される．

問　題

2.14　(X,d) を距離空間とする．部分集合 $A \subset X (A \neq \varnothing)$ に関して，次のように定義される写像 f は X 上の連続写像であることを証明しなさい．

$$f : X \to \mathbb{R}^1; \qquad f(x) = \mathrm{dist}(x, A)$$

X, Y を集合とし，$A \subset X$ を部分集合とする．写像 $f : X \to Y$ に対して，f の定義域を A に制限することによって得られる A 上の写像 $A \to Y$ を，f の（A への）**制限写像** (restriction) といい，$f|A$ で表す：

$$f|A(x) = f(x) \quad (x \in A)$$

例題 2.4

$(X, d_X), (Y, d_Y)$ を距離空間とし，$A \subset X$ を部分集合とする．
写像

$$f : (X, d_X) \to (Y, d_Y)$$

が連続ならば，制限写像

$$f|A : (A, d_{X_A}) \to (Y, d_Y)$$

も連続である．ここで，(A, d_{X_A}) は例 2.7 の意味での (X, d_X) の部分距離空間である．

証明 $U \subset Y$ を開集合とすると，制限写像の定義から，

$$(f|A)^{-1}(U) = f^{-1}(U) \cap A$$

が成り立つ．f が連続であるから，定理 2.13 により，$f^{-1}(U)$ は X の開集合である．よって，補題 2.1 より，$(f|A)^{-1}(U)$ は (A, d_{X_A}) の開集合である．したがって，定理 2.13 より，$f|A$ は連続である． ◆

X, Y を集合とし，$A, B \subset X$ を部分集合とする．写像 $f_A : A \to Y$，$f_B : B \to Y$ が与えられていて，

$$f_A|A \cap B = f_B|A \cap B$$

であるとき，次のように定義される写像 $f : A \cup B \to Y$ を，f_A と f_B の（$A \cup B$ への）**共通の拡張**という：

$$f(x) = \begin{cases} f_A(x) & (x \in A) \\ f_B(x) & (x \in B) \end{cases}$$

★ f_A と f_B の共通の拡張 f について，$f|A = f_A$，$f|B = f_B$ である．
制限写像と共通の拡張は，いずれも一意的である．

例題 2.5

(X, d_X), (Y, d_Y) を距離空間とし，$A, B \subset X$ を $A \cup B = X$ を満たす部分集合とする．さらに，$f_A : (A, d_{X_A}) \to (Y, d_Y)$, $f_B : (B, d_{X_B}) \to (Y, d_Y)$ を連続写像で，$f_A|A \cap B = f_B|A \cap B$ を満たすとする．

A, B がともに X の開集合ならば，f_A と f_B の共通の拡張 $f : X \to Y$ も連続写像である．

証明 f_A, f_B は連続写像であるから，定理 2.13 より，開集合 $U \subset Y$ について，$f_A^{-1}(U) = f^{-1}(U) \cap A$ は A の開集合，$f_B^{-1}(U) = f^{-1}(U) \cap B$ は B の開集合である．補題 2.2 より，X の開集合 V, W が存在して，$f_A^{-1}(U) = A \cap V$, $f_B^{-1}(U) = B \cap W$ となる．A, B は X の開集合だから，定理 2.9 [O2] により，$f_A^{-1}(U)$ と $f_B^{-1}(U)$ は X の開集合である．したがって，定理 2.9 [O3] により，$f^{-1}(U) = f_A^{-1}(U) \cup f_B^{-1}(U)$ も X の開集合である．定理 2.13 より，f は連続写像である． ◆

問　題

2.15 上の例題 2.5 において，「A, B がともに X の閉集合」としても，f_A と f_B の共通の拡張 $f : X \to Y$ は連続写像であることを証明しなさい．

ヒント 上の例題 2.5 において，開集合を閉集合とし，補題 2.1 の代わりに補題 2.2 を，定理 2.9 の代わりに定理 2.10 を使えばよい．

定理 2.14 (X, d_X), (Y, d_Y), (Z, d_Z) を距離空間とする．写像

$$f : (X, d_X) \to (Y, d_Y), \quad g : (Y, d_Y) \to (Z, d_Z)$$

が連続ならば，合成写像 $g \circ f : (X, d_X) \to (Z, d_Z)$ も連続である．

証明 任意の点 $\alpha \in X$ について，写像 g は点 $f(\alpha) \in Y$ において連続であるから，次が成り立つ：

$$\forall \varepsilon > 0, \exists\, \gamma > 0\, (\forall y \in Y, d_Y(y, f(\alpha)) < \gamma \Rightarrow d_Z(g(y), g(f(\alpha))) < \varepsilon)$$

一方，f は点 $\alpha \in X$ において連続であるから，この $\gamma > 0$ に対して，

$$\exists\, \delta > 0\, (\forall x \in X, d_X(x, \alpha) < \delta \Rightarrow d_Y(f(x), f(\alpha)) < \gamma)$$

が成り立つ．結局，

$$\forall \varepsilon > 0, \exists\, \delta > 0\, (\forall x \in X, d_X(x, \alpha) < \delta \Rightarrow d_Z(g(f(x)), g(f(\alpha))) < \varepsilon)$$

となり，$g \circ f$ が点 $\alpha \in X$ で連続であることが示された． ◆

問 題

2.16 (X,d) を距離空間とする．写像 $f: X \to \mathbb{R}^n$ と $g: X \to \mathbb{R}^n$ が点 $a \in X$ で連続ならば，次の写像も点 $a \in X$ で連続であることを証明しなさい．

(1) $f+g: X \to \mathbb{R}^n$;　$(f+g)(x) = f(x)+g(x)$

(2) $cf: X \to \mathbb{R}^n$;　$(cf)(x) = cf(x), c \in \mathbb{R}$（定数）

(X,d) を距離空間とする．部分集合 $A \subset X$ について，

$$\mathrm{diam}(A) = \sup\{d(x,y)\,|\,x,y \in A\}$$

を A の**直径** (diameter) という．

直径が有限の値をもつとき，A は**有界** (bounded) であるという．

例題 2.6

(X,d) を距離空間とする．次が成り立つ．

(1) 任意の点 $a \in X$ と任意の $\varepsilon > 0$ について，

$$\mathrm{diam}(N(a;\varepsilon)) \leqq 2\varepsilon$$

(2) 部分集合 $A \subset X$ が有界であることと，次の命題（$*$）が成り立つこととは同値である：

（$*$）　$\forall a \in X, \exists\, R \in \mathbb{R}\,(A \subset N(a;R))$

証明 (1) 任意の $x,y \in N(a;\varepsilon)$ に対して，三角不等式より，

$$d(x,y) \leqq d(x,a)+d(a,y) \leqq 2\varepsilon$$

(2)〔(2)⇒($*$) の証明〕 $\mathrm{diam}(A) = S < \infty$ とする．1 点 $y \in A$ を選び固定する．任意の点 $x \in A$ に対して，

$$d(a,x) \leqq d(a,y)+d(y,x) \leqq d(a,y)+S$$

が成り立つ．したがって，$R > d(a,y)+S$ とすれば，$A \subset N(a;R)$ である．

〔($*$)⇒(2) の証明〕 $A \subset N(a;R)$ ならば，明らかに $\mathrm{diam}(A) \leqq \mathrm{diam}(N(a;R))$ だから，前半の (1) より，$\mathrm{diam}(A) \leqq 2R$ が成り立つ． ◆

問 題

2.17 距離空間 (X,d) の部分集合 A, B に対して，次の式を証明しなさい：

$$\mathrm{diam}(A \cup B) \leqq \mathrm{diam}(A)+\mathrm{diam}(B)+\mathrm{dist}(A,B)$$

2.5　距離空間のコンパクト性

(X, d) を距離空間とする．自然数全体の集合 $\mathbb{N}$ から部分集合 $A \subset X$ への写像 $x : \mathbb{N} \to A$ を A の**点列** (sequence) といい，通常，像 $x(i)$ を x_i で表し，点列を〔x_i〕$_{i\in\mathbb{N}}$，あるいは点列〔x_i〕と略記する．

★ 特に，$X = \mathbb{R}^1 \supset A$ の場合がいわゆる実数列または数列である．点列を表すのに，ほとんどの書籍では記号 $\{x_i\}$ を採用している．

$x : \mathbb{N} \to A$ を集合 A の点列とする．$\iota : \mathbb{N} \to \mathbb{N}$ を順序を保つ写像とする；すなわち，$h, k \in \mathbb{N}, h < k$ ならば，$\iota(h) < \iota(k)$ が成り立つとする．このとき，合成写像 $x \circ \iota : \mathbb{N} \to A$ を点列 x の**部分列** (subsequence) という．この部分列を，〔$x_{\iota(i)}$〕$_{i\in\mathbb{N}}$，または部分列〔$x_{\iota(i)}$〕などで示す．

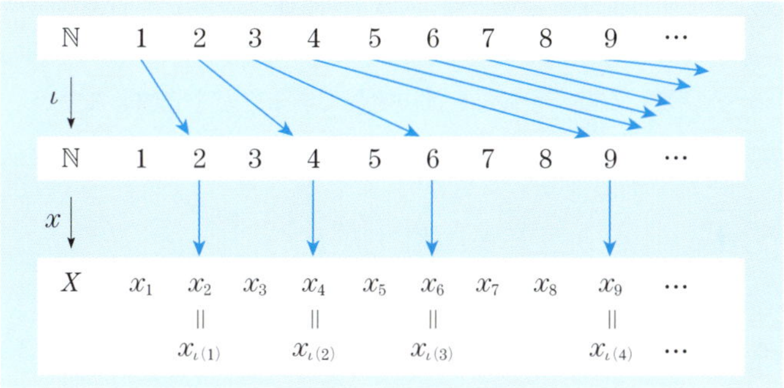

A の点列〔x_i〕が点 $\alpha \in X$ に**収束** (convergence) するとは，

$$\forall\varepsilon > 0, \exists\, N \in \mathbb{N}\, (\forall k \in \mathbb{N}, k \geqq N \Rightarrow d(x_k, \alpha) < \varepsilon)$$

が成立する場合をいい，α をこの点列の**極限** (limit) または**極限点** (limit point) といい，次のように表す：

$$\alpha = \operatorname*{limt}_{i\to\infty} x_i \quad \text{または} \quad x_i \to \alpha\ (i \to \infty)$$

収束の定義は，ε-近傍を使って次のように書き換えることができる：

$$\forall\varepsilon > 0, \exists\, N \in \mathbb{N}\, (\forall k \in \mathbb{N}, k \geqq N \Rightarrow x_k \in N(\alpha; \varepsilon))$$

★ この定義から分かるように，距離空間における点列は，実数列の性質のかなりのものをそのままもっている．ただし，実数列では，コーシー列 (基本列) は収束したが (実数の連続性の公理 [IV])，距離空間では必ずしも収束しない．ここで，X の点列〔x_i〕が**コーシー列**であるとは，

$$\forall \varepsilon > 0, \exists\, N \in \mathbb{N} \, (\forall m, \forall n, m \geqq N, n \geqq N \Rightarrow d(x_m, x_n) < \varepsilon)$$

が成り立つ場合をいう．

距離空間 (X, d) が**完備** (complete) であるとは，そのすべてのコーシー列が収束する場合をいう．完備距離空間は，極めてユークリッド空間に似た空間である．

問題

2.18 (X, d) を距離空間とし，$A \subset X$ とする．次を証明しなさい．

(1) A の点列〔x_i〕が収束するならば，極限点は一意的である．

(2) A の点列〔x_i〕が $\alpha \in X$ に収束するならば，任意の部分列〔$x_{\iota(i)}$〕も α に収束する．

2.19 (X, d) を距離空間とする．$A \subset X$ の点列〔x_i〕が**有界**であるとは，

$$\exists\, a \in A, \exists\, M > 0 \, (\forall i \in \mathbb{N}, d(x_i, a) \leqq M)$$

が成り立つ場合をいう．

点列〔x_i〕が収束するならば，有界であることを証明しなさい．

(X, d) を距離空間とする．部分集合 $A \subset X$ の点列〔x_i〕$_{i \in \mathbb{N}}$ に対して，部分集合 $\{x_i | i \in \mathbb{N}\} \subset A \subset X$ が自然に対応している．

(1) $\{x_i | i \in \mathbb{N}\}$ が有限集合の場合，これを〈**有限型**〉点列とよぶことにする．ここで，$\#\{x_i | i \in \mathbb{N}\} = m$ とし，改めて

$$\{x_i | i \in \mathbb{N}\} = \{a_1, a_2, \cdots, a_m\}, \quad \#\{a_1, a_2, \cdots, a_m\} = m$$

とおくと，少なくとも 1 つの元 a_k が存在して，$x_j = a_k$ となる x_j が可算無限個ある；$\#\{x_j | x_j = a_k\} = \aleph_0$．この集合の元を番号の小さい順に並べることによって，点列〔x_i〕$_{i \in \mathbb{N}}$ の部分列〔$x_{\iota(i)}$〕$_{i \in \mathbb{N}}$, $x_{\iota(i)} \to a_k$ が得られる；つまり，収束する部分列がいつでも存在する．

したがって，特に〔x_i〕自身が a_k に収束するならば，次が成り立つ：

$$\exists\, N \in \mathbb{N} \, (\forall j \in N, j \geqq N \Rightarrow x_j = a_k)$$

また，〈有限型〉点列を利用することにより，任意の点 $a \in A$ に対して，a に収束する A の点列を作ることができる．

（2）　$\{x_i | i \in \mathbb{N}\}$ が無限集合の場合，〔x_i〕$_{i\in\mathbb{N}}$ を〈**無限型**〉点列とよぶことにする．もし，〈無限型〉点列〔x_i〕が点 $\alpha \in X$ に収束するならば，次のような〈無限型〉の部分列〔$x_{\iota(i)}$〕が存在する：

$$\begin{aligned}&\forall i, j \in \mathbb{N}, i \neq j \\ &\quad \Rightarrow \quad x_{\iota(i)} \neq x_{\iota(j)} \wedge x_{\iota(i)} \neq \alpha \ \wedge x_{\iota(i)} \to \alpha\,(i \to \infty)\end{aligned}$$

★〈有限型〉点列，〈無限型〉点列という言い方は，本書で勝手に採用したもので，一般的ではない．

ここで，点列の観点から，集積点・導集合・閉包を見直しておく．これは点列を議論する際によく使われる性質である．

例題 2.7

距離空間 (X, d) の部分集合 $A \subset X$ について，次が成り立つ：

$$A^d = \{x \in X \,|\, \exists \ \langle\text{無限型}\rangle\ \text{点列}\ 〔x_i〕\ (x_i \in A, x_i \to x(i \to \infty))\}$$

つまり，A^d は，A の〈無限型〉点列の極限点となる点全体の集合である．

証明　証明すべき命題の右辺を A^* とおく．

〔$A^d \supset A^*$ の証明〕　$x \in A^*$ とすると，上の定義より，A の〈無限型〉点列〔x_i〕で，点 x に収束するものが存在する．したがって，収束の定義より，

$$\forall \varepsilon > 0, \exists\, N \in \mathbb{N}\,(\forall k \in \mathbb{N}, k \geqq N \Rightarrow x_k \in N(x, \varepsilon))$$

が成り立つ．$x_i \in A(i \in \mathbb{N})$ であったので，

$$N(x; \varepsilon) \cap (A - \{x\}) \neq \varnothing$$

である．よって，$x \in A^d$ が成り立つ．

〔$A^d \subset A^*$ の証明〕　$x \in A^d$ とすると，A^d の定義より，次が成り立つ：

$$\forall i \in \mathbb{N}\,(N(x; 1/i) \cap (A - \{x\}) \neq \varnothing)$$

そこで，各 $i \in \mathbb{N}$ に対して，点 $x_i \in N(x; 1/i) \cap (A - \{x\})$ を選ぶことができる．この際，$i \neq j$ について，$x_i \neq x_j$ とすることができる．これで A の〈無限型〉点列〔x_i〕が得られた．任意の $\varepsilon > 0$ に対して，十分に大きな $N \in \mathbb{N}$ を，$\varepsilon > 1/N$ となるように選ぶ．すると，$k \in \mathbb{N}, k \geqq N$ について，

$$d(x_k, x) < \frac{1}{k} \leqq \frac{1}{N} < \varepsilon$$

が成り立つので，点列〔x_i〕は点 x に収束する．よって，$x \in A^*$ である．◆

系 2.1　(1)　距離空間 (X,d) の部分集合 $A \subset X$ について，次が成り立つ：

$$A^a = \{x \in X \mid \exists \text{ 点列 } [x_i]\ (x_i \in A, x_i \to x(i \to \infty))\}$$

(2)　距離空間 (X,d) の部分集合 $A \subset X$ の点列 $[x_i]$ が点 $\alpha \in X$ に収束するとき，次が成り立つ：

$$A \text{ が閉集合} \quad \Rightarrow \quad \alpha \in A$$ ◆

例題 2.8

(X,d_X), (Y,d_Y) を距離空間とし，$[x_i]$ を部分集合 $A \subset X$ の点列とする．

$f : X \to Y$ が連続写像ならば，次が成り立つ：

$$x_i \to \alpha\ (i \to \infty) \quad \Rightarrow \quad f(x_i) \to f(\alpha)\ (i \to \infty)$$

証明　写像 f が α で連続であるから，

$$\forall \varepsilon > 0, \exists\, \delta > 0\, (f(N(\alpha;\delta)) \subset N(f(\alpha);\varepsilon))$$

が成り立つ．$x_i \to \alpha\,(i \to \infty)$ より，この δ に対して，

$$\exists\, N \in \mathbb{N}\, (\forall k \in \mathbb{N}, k \geqq N \Rightarrow x_k \in N(\alpha;\delta))$$

が成り立つ．よって，

$$k \geqq N \quad \Rightarrow \quad f(x_k) \in N(f(\alpha);\varepsilon)$$

が成立する．これは，$f(x_i) \to f(\alpha)\,(i \to \infty)$ を示している． ◆

点列コンパクト集合　距離空間 (X,d) の部分集合 $A \subset X$ が**点列コンパクト** (sequentially compact) であるとは，A の任意の点列が A の点に収束する部分列を必ずもつ場合をいう．

例 2.12　$\mathbb{R}^1$ は点列コンパクトではない．実際，$x_i = i(i \in \mathbb{N})$ として得られる $\mathbb{R}^1$ の点列は，どの部分列も収束しない．同様にして，一般に n 次元ユークリッド空間 $\mathbb{R}^n$ が点列コンパクトでないこともわかる．

次の性質は「微分積分学」において基礎的で大事な性質である．

例題 2.9

閉区間 $[a,b]$ は点列コンパクトである．

証明　〔x_i〕を $[a,b]$ の点列とする．区間 $[a,(a+b)/2]$ と区間 $[(a+b)/2,b]$ のうちで〔x_i〕の (無限の) 部分列を含む方を $A_1=[a_1,b_1]$ とし，A_1 から部分列の項を 1 つ選んで $x_{\iota(1)}$ とする．次に，区間 $[a_1,(a_1+b_1)/2]$ と区間 $[(a_1+b_1)/2,b_1]$ のうちで〔x_i〕の部分列を含む方を $A_2=[a_2,b_2]$ とし，A_2 から部分列の 1 項 $x_{\iota(2)}$ を $\iota(1)<\iota(2)$ となるように選ぶ．この操作を反復することにより，閉区間の無限列

$$A_1 \supset A_2 \supset \cdots \supset A_i \supset A_{i+1} \supset \cdots$$

$$\lim_{i\to\infty}(b_i-a_i)=0$$

と〔x_i〕の部分列〔$x_{\iota(i)}$〕，$a_i \leqq x_{\iota(i)} \leqq b_i$，を得る．カントールの区間縮小定理（実数の連続性に関する公理［IV］）により，

$$\exists!\,\alpha \in \bigcap_{i\in\mathbb{N}} A_i$$

このとき，$d(x_{\iota(i)},\alpha) \leqq (b_i-a_i)=(1/2)^i(b-a)$ となるので，

$$x_{\iota(i)} \to \alpha\,(i\to\infty)$$

である．これで，$\alpha\in[a,b]$ に収束する部分列が得られたので，閉区間 $[a,b]$ は点列コンパクトである．◆

問　題

2.20　n 次元の直方体 $[a_1,b_1]\times[a_2,b_2]\times\cdots\times[a_n,b_n]\subset\mathbb{R}^n$ は点列コンパクトであることを証明しなさい．

ヒント　各区間 $[a_k,b_k]$ を 2 等分して，直方体を 2^n 個の直方体に分割し，上の例題 2.9 の証明と同じような論法で，収束する部分列を求めるとよい．

2.21　(X,d) を距離空間とする．部分集合 $A,B\subset X$ が共に点列コンパクトならば，次が成り立つことを証明しなさい：

(1)　$A\cup B$ は点列コンパクト　　(2)　$A\cap B$ は点列コンパクト

例題 2.10

(X,d) を距離空間とする．部分集合 $A\subset X$ が点列コンパクトならば，A は有界な閉集合である．

証明 まず，A が有界であることを，背理法で示す．A が有界でないとすると，例題 2.6 (2) から，次が成り立つ：

$$\exists\, a \in X\, (\forall i \in \mathbb{N}(A \not\subset N(a;i))$$

したがって，次が成り立つ：

$$\forall i \in \mathbb{N}, \exists\, x_i \in A\, (d(x_i, a) \geqq i)$$

こうして得た点列〔x_i〕のどんな部分列も有界ではなく，したがって収束しないので，A は点列コンパクトではない．よって，A は有界である．

次に，A が閉集合であることを，背理法で示す．A が閉集合でないとすると，$A \neq A^a$（定理 2.12 (2)）で一般に $A \subset A^a$ であるから，次がわかる：

$$\exists\, \alpha \in X\, (\alpha \in A^a \wedge \alpha \notin A)$$

よって，

$$\forall i \in \mathbb{N}\, (A \cap N(\alpha; 1/i) \neq \varnothing).$$

そこで，各 $i \in \mathbb{N}$ に対して，点 $x_i \in A$ を，$d(x_i, \alpha) < 1/i$ となるように選ぶことができる．こうして得られた A の点列〔x_i〕は点 α に収束するから，その任意の部分列も点 α に収束する (問題 2.18 (2))．ところで A は点列コンパクトであるから，〔x_i〕の部分列で A の点に収束するものが存在する．ところが，$\alpha \notin A$ であったので，これは矛盾である．よって，A は閉集合である． ◆

ユークリッド空間では，実数の連続性により，この例題の逆も成り立つ．

例題 2.11

部分集合 $A \subset \mathbb{R}^n$ について，次の (1) と (2) は同値である：

(1) A が点列コンパクトである．

(2) A が有界かつ閉集合である．

証明 〔(1)⇒(2) の証明〕 は上の例題 2.8 である．

〔(2)⇒(1) の証明〕〔x_i〕を A の点列とする．A は有界だから，$\mathrm{diam}(A) = S < \infty$ とする．1 点 $a \in A$ を選んで固定し，$\mathbb{R}^n$ の原点を O とする．三角不等式と直径の定義より，次が成り立つ：

$$\forall x \in A\, (d^{(n)}(\mathrm{O}, x) \leqq d^{(n)}(\mathrm{O}, a) + d^{(n)}(a, x) \leqq d^{(n)}(\mathrm{O}, a) + S)$$

そこで，$R = d^{(n)}(\mathrm{O}, a) + S$ とすれば，$A \subset D(\mathrm{O}; R)$ が成り立つ．したがって，

$$A \subset D(\mathrm{O}; R) \subset [-R, R] \times [-R, R] \times \cdots \times [-R, R] \subset \mathbb{R}^n$$

である．問題 2.20 により，この n 次元直方体は点列コンパクトであるから，

$$\exists\ 部分列\ 〔x_{\iota(i)}〕,\ \exists\, \alpha \in [-R, R] \times [-R, R] \times \cdots \times [-R, R]$$
$$\left(\lim_{i\to\infty} x_{\iota(i)} = \alpha\right)$$

いま X は閉集合だから，系 2.1 (2) により，$\alpha \in A^a = A$ が成り立つ．よって，A は点列コンパクトである．◆

定理 2.15　$(X, d_X), (Y, d_Y)$ を距離空間とし，$f : X \to Y$ を連続写像とする．部分集合 $A \subset X$ が点列コンパクトならば，$f(A)$ も点列コンパクトである．

証明　〔y_i〕を $f(A)$ の点列とすると，次が成り立つ：

$$\forall y_i, \exists\, x_i \in X\ (y_i = f(x_i))$$

A は点列コンパクトだから，点列〔x_i〕の部分列〔$x_{\iota(i)}$〕が存在して，ある点 $\alpha \in A$ に収束する．f は連続関数だから，例題 2.8 によって，点列〔$f(x_{\iota(i)})$〕$=$〔$y_{\iota(i)}$〕は点 $f(\alpha) \in f(A)$ に収束する．ここで〔$f(x_{\iota(i)})$〕は点列〔y_i〕の部分列である．よって，$f(A)$ も点列コンパクトである．◆

定理 2.16　(X, d) を距離空間，$A \subset X$ を空でない点列コンパクト集合とする．任意の連続写像 $f : A \to \mathbb{R}^1$ は A 上で最大値と最小値をもつ．

証明　上の定理 2.15 より，$f(A)$ は点列コンパクトである．よって，例題 2.11 より，$f(A)$ は $\mathbb{R}^1$ で有界である．よって，$M = \sup f(A)$ および $L = \inf f(A)$ が存在する．$M = \max f(A), L = \min f(A)$ を示せば十分である．上限の定義から，次が成り立つ：

$$\forall i \in \mathbb{N}, \exists\, y_i \in f(A)\ (M - y_i < 1/i)$$

$y_i \in f(A)$ だから，点 $x_i \in A$ が存在して，$f(x_i) = y_i$ となる．A は点列コンパクトだから，こうして得られた X の点列〔x_i〕の部分列〔$x_{\iota(i)}$〕が存在して，A のある点 α に収束する．f は連続写像だから，例題 2.8 より，次を得る：

$$\lim_{i\to\infty} f(x_{\iota(i)}) = f\left(\lim_{i\to\infty} x_{\iota(i)}\right) = f(\alpha)$$

一方，次も成り立つ：

$$M = \lim_{i\to\infty} y_i = \lim_{i\to\infty} y_{\iota(i)} = \lim_{i\to\infty} f(x_{\iota(i)}) = f(\alpha)$$

したがって，$M \in f(A)$ であり，M は A における f の最大値である．
最小値に関しては，演習問題とする．◆

コンパクト集合 (X,d) を距離空間とする．X の部分集合族 $\boldsymbol{C}=\{C_\lambda|\lambda\in\Lambda\}\subset 2^X$ が部分集合 $A\subset X$ の**被覆** (covering) であるとは，

$$\bigcup \boldsymbol{C}=\bigcup_{\lambda\in\Lambda} C_\lambda \supset A$$

が成り立つ場合をいう．このとき，$\boldsymbol{C}$ は A を**被覆する** (cover) ともいう．

A の被覆 $\boldsymbol{C}$ の部分集合 $\boldsymbol{C}'$ が再び A の被覆であるとき，つまり，$\bigcup\boldsymbol{C}'\supset A$ が成り立つとき，$\boldsymbol{C}'$ を $\boldsymbol{C}$ の**部分被覆** (subcovering) といい，$\boldsymbol{C}$ は部分被覆 $\boldsymbol{C}'$ をもつという．

特に，A の被覆 $\boldsymbol{C}$ の要素 C_λ がすべて開集合であるとき，これを**開被覆** (open covering) という．

A の任意の開被覆 $\boldsymbol{C}$ に対して，$\boldsymbol{C}$ の有限個からなる部分被覆 $\boldsymbol{C}'=\{U_1,U_2,\cdots,U_m\}$ が存在するとき，つまり，

$$U_1\cup U_2\cup\cdots\cup U_m\supset A$$

となるようにできるとき，A は**コンパクト** (compact) であるという．また，このような $\boldsymbol{C}'=\{U_1,U_2,\cdots,U_m\}$ を $\boldsymbol{C}$ の**有限部分被覆**という．

また，X 自身がコンパクトのとき，(X,d) を**コンパクト距離空間**という．

例 2.13 $\mathbb{R}^1$ の開被覆 $\boldsymbol{C}=\{(-n,n)|n\in\mathbb{N}\}$ は有限部分被覆をもたないので，$\mathbb{R}^1$ はコンパクトでない．一般に，$\mathbb{R}^n$ の開被覆 $\boldsymbol{C}=\{N(\mathrm{O};n)|n\in\mathbb{N}\}$ は有限部分被覆をもたないので，$\mathbb{R}^n$ はコンパクトでない．ただし，O は $\mathbb{R}^n$ の原点とする．

例 2.14 距離空間 (X,d) の有限個のコンパクトな部分集合 $A_1,A_2,\cdots,A_k$ の和集合 $A=A_1\cup A_2\cup\cdots\cup A_k$ はコンパクトである．実際，$\boldsymbol{C}$ を A の開被覆とすると，$\boldsymbol{C}$ は各 $A_i(i=1,2,\cdots,k)$ の開被覆でもある．A_i がコンパクトだから，$\boldsymbol{C}$ の有限部分被覆 $\boldsymbol{C}_i$ が存在する．$\boldsymbol{C}_0=\boldsymbol{C}_1\cup\boldsymbol{C}_2\cup\cdots\cup\boldsymbol{C}_k$ は A に対する $\boldsymbol{C}$ の有限部分被覆となる．

例題 2.12

(X,d) を距離空間とし，$A \subset X$ をコンパクト集合とする．部分集合 $B \subset A$ が X の閉集合ならば，B もコンパクトである．

証明 $\boldsymbol{C}$ を B の開被覆とする．$\boldsymbol{C}^* = \boldsymbol{C} \cup \{B^c\}$ とすると，B^c は開集合であるから，$\boldsymbol{C}^*$ はコンパクト集合 A の開被覆となる．よって，$\boldsymbol{C}^*$ の有限部分被覆 $\boldsymbol{C}^{**}$ が存在する；

$$\bigcup \boldsymbol{C}^{**} \supset A \supset B$$

ところで，$B^c \cap B = \varnothing$ であるから，$\boldsymbol{C}^{**} - \{B^c\}$ は B に対するの $\boldsymbol{C}$ の有限部分被覆である． ◆

定理 2.17（ハイネ-ボレル (Heine-Borel) の被覆定理） 任意の閉区間 $[a,b] \subset \mathbb{R}^1$ はコンパクトである．

証明 背理法で証明する．（これまで何度か用いたカントールの区間縮小定理をここでも使用する.）$\boldsymbol{C}$ を区間 $[a,b]$ の開被覆とし，$\boldsymbol{C}$ が有限部分被覆をもたないと仮定する．このとき，$[a,b]$ を 2 等分した 2 つの閉区間 $[a,(a+b)/2]$ と $[(a+b)/2,b]$ のうちの少なくとも一方は $\boldsymbol{C}$ の有限部分被覆をもたない．有限部分被覆をもたない方を $[a_1,b_1]$ とする．同様にして，$[a_1,b_1]$ を 2 等分した 2 つの閉区間 $[a_1,(a_1+b_1)/2]$ と $[(a_1+b_1)/2,b_1]$ の少なくとも一方は $\boldsymbol{C}$ の有限部分被覆をもたない；もたない方を $[a_2,b_2]$ とする．この操作を反復することにより，$\boldsymbol{C}$ の有限部分被覆をもたない閉区間の列

$$[a_1,b_1] \supset [a_2,b_2] \supset \cdots \supset [a_i,b_i] \supset [a_{i+1},b_{i+1}] \supset \cdots$$

が得られる．作り方から，

$$b_i - a_i = (1/2)^i(b-a) \to 0 \ (i \to \infty)$$

となるから，カントールの区間縮小定理により，

$$\exists!\, \alpha \in \bigcap_{i \in \mathbb{N}} [a_i,b_i] \subset [a,b]$$

ところで，$\boldsymbol{C}$ は $[a,b]$ の開被覆であるから，$\exists\, U \in \boldsymbol{C}(U \ni \alpha)$.

開集合の定義から，$\exists\, \varepsilon > 0\,((\alpha-\varepsilon,\alpha+\varepsilon) \subset U)$.

いま，$\lim_{i\to\infty} a_i = \lim b_i = \alpha$ であるから，この $\varepsilon > 0$ に対して，

$$\exists\, N \in \mathbb{N}\,(\forall k \in N, k \geqq N \quad \Rightarrow \quad [a_k,b_k] \subset (\alpha-\varepsilon,\alpha+\varepsilon))$$

が成り立つ．よって，この閉区間 $[a_k, b_k]$ は $\boldsymbol{C}$ のただ1つの開集合 U によって被覆されたことになる．これは閉区間 $[a_k, b_k]$ の作り方に矛盾する．したがって，閉区間 $[a, b]$ は $\boldsymbol{C}$ の有限部分被覆をもつことになる． ◆

問題

2.22 n 次元直方体

$$[a_1, b_1] \times [a_2, b_2] \times \cdots \times [a_n, b_n] \subset \mathbb{R}^n$$

はコンパクトであることを証明しなさい．

ヒント 背理法で定理 2.17 と同じように証明する．$\boldsymbol{C}$ を直方体の開被覆とし，有限部分被覆をもたないとする．各区間 $[a_k, b_k]$ を 2 等分して，直方体を 2^n 個の直方体に分割し，上の定理の証明と同じような論法で，$\boldsymbol{C}$ の有限部分被覆をもたない直方体の列をつくり，矛盾を導くとよい．

★ 一般に，有限個のコンパクト集合 $A_1, A_2, \cdots, A_k$ の直積集合もまたコンパクトであることが証明される（第3章，定理 3.18）．

例題 2.13

(X, d) を距離空間とする．部分集合 $A \subset X$ がコンパクトならば，A は有界な閉集合である．

証明 まず，A が有界であることを示す．1点 $x_0 \in A$ を選び，固定する．$\boldsymbol{C} = \{N(x_0; k) | k \in \mathbb{N}\}$ は A の開被覆である．A がコンパクトであるから，$\boldsymbol{C}$ の有限部分被覆が存在する．この要素のうちで半径が最大のものを $N(x_0; m)$ とすれば，$\mathrm{diam}(X) \leqq 2m$ となる．よって，A は有界である．

次に，A が閉集合であることを示す．定義により，A^c が開集合であることを示せばよい．任意の点 $y \in A^c$ に対して，開集合族

$$\boldsymbol{D} = \{D(y; 1/k)^c | k \in \mathbb{N}\}$$

は A の開被覆である．A がコンパクトだから，$\boldsymbol{D}$ の有限部分被覆が存在する．このうちで半径が最小のものを $D(y; 1/m)$ とすれば，$A \subset D(y; 1/m)^c$ だから，

$$A^c \supset D(y; 1/m) \supset N(y; 1/m)$$

が成り立つ．これは y が A^c の内点であることを示す．$y \in A^c$ は任意であったから，A^c は開集合であり，したがって A は閉集合である． ◆

例題 2.14

部分集合 $A \subset \mathbb{R}^n$ について，次の (2) と (3) は同値である：

(2) A が有界かつ閉集合である．

(3) A がコンパクトである．

証明 〔(3)⇒(2) の証明〕 前頁の例題 2.13 である．

〔(2)⇒(3) の証明〕 A が有界であるとすると，例題 2.11 の証明と同じようにして，A はある n 次元直方体に含まれる；

$$A \subset [L_1, M_1] \times [L_2, M_2] \times \cdots \times [L_n, M_n]$$

問題 2.22 により，この直方体はコンパクトである．よって，例題 2.12 により，A はコンパクトである． ◆

例題 2.11 とこの例題 2.14 を合わせて，次のようにまとめることができる：

定理 2.18 部分集合 $A \subset \mathbb{R}^n$ について，次の (1), (2), (3) は同値である：

(1) A が点列コンパクトである．

(2) A が有界でかつ閉集合である．

(3) A がコンパクトである．

こうして，別々に導入した 3 つの概念は，ユークリッド空間の部分集合に関しては同値であることになった．実際には，それらの特性を生かして使い分けることになる．

定理 2.19 (ボルツァーノ-ワイアシュトラウスの定理，**集積点定理**) (X, d) を距離空間とし，$A \subset X$ をコンパクトな部分集合とする．$B \subset A$ を無限部分集合とすると，B は少なくとも 1 つの集積点をもつ．

証明 背理法で証明する．B に集積点がないと仮定する．任意の点 $a \in A$ について，a は B の集積点ではないから，

$$\exists\, \varepsilon(a) > 0\, (N(a; \varepsilon(a)) \cap (B - \{a\}) = \varnothing)$$

が成り立つ．このような開近傍の族

$$\boldsymbol{C} = \{N(a; \varepsilon(a)) | a \in A\}$$

は A の開被覆である．A がコンパクトだから，A に対する $\boldsymbol{C}$ の有限部分被覆が存在する；

$$\exists\, a_1, a_2, \cdots, a_n \in A \quad (A \subset N(a_1; \varepsilon(a_1)) \cup N(a_2; \varepsilon(a_2)) \cup \cdots \cup N(a_n; \varepsilon(a_n)))$$

ところで，各 $N(a_i; \varepsilon(a_i))$ に属する B の点は高々1点 a_i だけであり，$B \subset A$ であるから，$B \subset \{a_1, a_2, \cdots, a_n\}$ が成り立つ．これは B が無限集合であることに反する．よって，B は集積点をもつ． ◆

系 2.2 (X, d) をコンパクト距離空間とし，$A \subset X$ を部分集合とする．A が無限集合ならば，A は集積点をもつ． ◆

系 2.3 (X, d) を距離空間とし，$A \subset X$ を部分集合とする．A がコンパクトならば，A は点列コンパクトでもある． ◆

証明 〔x_i〕$_{i\in\mathbb{N}}$ を A の点列とする．集合 $B = \{x_i | i \in \mathbb{N}\}$ は A の無限部分集合であるから，定理 2.19 より，B は少なくとも 1 つの集積点をもつ；そのうちの 1 つを α とする．任意の $i \in \mathbb{N}$ について，$N(\alpha; 1/i) \cap B \neq \varnothing$ であるから，各 $i \in \mathbb{N}$ について 1 点 $x_{\iota(i)} \in N(\alpha; 1/i) \cap B$ を $\iota(i) < \iota(i+1)$ となるように選ぶ．このようにして得られた部分列〔$x_{\iota(i)}$〕は点 α に収束するが，例題 2.13 より A は閉集合であるから，系 2.1 (2) より $\alpha \in A$ である． ◆

定理 2.20 $(X, d_X), (Y, d_Y)$ を距離空間とし，$f : X \to Y$ を連続写像とする．部分集合 $A \subset X$ がコンパクトならば，$f(A) \subset Y$ もコンパクトである．

証明 $\{U_\lambda | \lambda \in \Lambda\}$ を $f(A)$ の開被覆とする．f は連続写像だから，任意の $\lambda \in \Lambda$ について，$f^{-1}(U_\lambda)$ は X の開集合である．任意の点 $a \in A$ について，$f(a) \in f(A) \subset \bigcup U_\lambda$ だから，$a \in \bigcup f^{-1}(U_\lambda)$ が成り立つ．よって，$\{f^{-1}(U_\lambda) | \lambda \in \Lambda\}$ はコンパクト集合 A の開被覆である．よって，有限個の $U_1, U_2, \cdots, U_m$ が存在し，

$$A \subset f^{-1}(U_1) \bigcup f^{-1}(U_2) \cup \cdots \cup f^{-1}(U_m)$$

となる．両辺を f で移して，$f(A) \subset U_1 \cup U_2 \cup \cdots \cup U_m$ が得られるので，$f(A)$ は $\{U_\lambda | \lambda \in \Lambda\}$ の有限個で被覆された．よって，コンパクトである． ◆

例題 2.15

(X, d) をコンパクト距離空間とし，$\boldsymbol{C}$ を X の開被覆とする．このとき，実数 $\delta(\boldsymbol{C}) > 0$ が存在して，次の性質を満たす：

$$\forall A \subset X, \mathrm{diam}(A) < \delta(\boldsymbol{C}), \exists\, U \in \boldsymbol{C}\,(U \supset A)$$

証明　X がコンパクトだから，$\boldsymbol{C}$ の有限部分被覆 $\boldsymbol{C}_0 = \{U_1, U_2, \cdots, U_k\}$ が存在する．そこで k 個の連続写像 $f_i : X \to \mathbb{R}^1\,(i = 1, 2, \cdots, k)$ を次のように定義する：

$$f_i(x) = \mathrm{dist}(x, U_i^c).$$

問題 2.14 より，各 f_i は連続写像である．そこで，連続写像 $f : X \to \mathbb{R}^1$ を，

$$f(x) = f_1(x) + f_2(x) + \cdots + f_k(x)$$

で定義する（f が連続関数であることは，問題 2.16 による）．$f_i(x) \geqq 0\,(i = 1, 2, \cdots, k)$ であり，また各点 $x \in X$ に対して $x \in U_i$ となる番号 $i \in \{1, 2, \cdots, k\}$ が少なくとも 1 つ存在し，$f_i(x) > 0$ となるから，$f(x) > 0$ である．f はコンパクト集合 X 上の実数値連続写像であるから，定理 2.16 より，最小値 $L > 0$ をもつ．

そこで，$\delta(\boldsymbol{C}) = L/k = \delta$ とおく．これが命題の条件を満たすことを証明する．部分集合 $A \subset X$ が $\mathrm{diam}(A) < \delta$ であるとする．1 点 $a \in A$ を選び，固定する．

$$f(a) = f_1(a) + f_2(a) + \cdots + f_k(a) \geqq L = k\delta$$

であり，$f_i(a) \geqq 0(i = 1, 2, \cdots, k)$ であるから，ある番号 $j \in \{1, 2, \cdots, k\}$ が存在して，$f_j(a) \geqq \delta$ となる．この番号 j について，次が成り立つ：

$$A \subset N(a; \delta) \subset U_j.$$ ◆

★ この命題は，部分集合 A の直径が $\boldsymbol{C}$ によって定まる実数 $\delta(\boldsymbol{C}) > 0$ より小さいならば，A は $\boldsymbol{C}$ の 1 つの要素で被覆されることを示している．この $\delta(\boldsymbol{C})$ を開被覆 $\boldsymbol{C}$ に関する X の**ルベーグ数** (Lebesgue number) という．

距離空間 (X, d) において，部分集合 $A \subset X$ が**全有界** (totally bounded) であるとは，任意の $\varepsilon > 0$ に対して，A の有限被覆 $\{B_1, B_2, \cdots, B_m\}$ で，$\mathrm{diam}(B_i) < \varepsilon\,(i = 1, 2, \cdots, m)$ となるものが存在する場合をいう．

例 2.15　距離空間 (X, d) において，部分集合 A が全有界ならば有界である．

実際，$(\varepsilon = 1)$ に対して，X の有限個の部分集合 $B_1, B_2, \cdots, B_m$ が存在して，次を満たす：

$$B_1 \cup B_2 \cup \cdots \cup B_m \supset A, \mathrm{diam}(B_k) < 1 \quad (k = 1, 2, \cdots, m)$$

このとき，問題 2.17 より，次が得られる：

$$\mathrm{diam}(A) \leqq \sum_{k=1}^{m} \mathrm{diam}(B_k) + \sum_{j \neq k} \mathrm{dist}(B_j, B_k) < \infty$$

例 2.16 ユークリッド空間 $(\mathbb{R}^n, d)$ においては，部分集合 $A \subset \mathbb{R}^n$ が有界であることと，全有界であることは同値である．

ここで，コンパクト距離空間の特徴付けをする．まず，コーシー列に関する補題を用意する．

補題 2.4 (X, d) を距離空間とし，〔x_i〕を X のコーシー列とする．〔x_i〕が α に収束する部分列〔$x_{\iota(i)}$〕をもつならば，〔x_i〕も α に収束する．

証明 $\forall \varepsilon > 0$ に対して，コーシー列の定義より，$N \in \mathbb{N}$ が存在して，次が成り立つ：

$$\forall m \in \mathbb{N}, \forall n \in \mathbb{N}, m \geqq N, n \geqq N \quad \Rightarrow \quad d(x_m, x_n) < \varepsilon/2$$

一方，$x_{\iota(i)} \to \alpha (i \to \infty)$ より，$M \in \mathbb{N}$ が存在して，次を満たす：

$$\forall j \in \mathbb{N}, \iota(j) > M > N \quad \Rightarrow \quad d(x_{\iota(j)}, \alpha) < \varepsilon/2$$

よって，$\forall k \in \mathbb{N}$ について，$k \geqq M$ ならば，$k \geqq M > N$ であるから，

$$d(x_k, \alpha) \leqq d(x_k, x_M) + d(x_M, \alpha) < \varepsilon$$

が成り立つ．よって，$x_i \to \alpha \ (i \to \infty)$ である． ◆

定理 2.21 距離空間 (X, d) の部分集合 $A \subset X$ について，次の (1)，(2)，(3) は同値である：

(1) A はコンパクトである．

(2) A は点列コンパクトである．

(3) 部分空間 (A, d_A)) は完備かつ A は全有界である．

証明 〔(1)⇒(2) の証明〕 これは系 2.3 である．

〔(2)⇒(3) の証明〕〔x_i〕を A の任意のコーシー列とする．条件 (2) より，収束する部分列〔$x_{\iota(i)}$〕が存在する；$x_{\iota(i)} \to \alpha \ (i \to \infty), \alpha \in A$ とする．上の補題 2.4 より，$x_i \to \alpha \ (i \to \infty)$ である．よって，(A, d_A) は完備である．

次に A が全有界であることを背理法で証明する．A が全有界でないとすると，$\delta > 0$ が存在して，A は直径が 2δ より小さい集合の有限個では被覆できない．このとき，1 点 $x_1 \in A$ を選べば，点 $x_2 \in A - N(x_1;\delta)$ を選ぶことができる．この操作を反復して，A の点列〔x_i〕を，次のように選ぶ：

$$x_{i+1} \in A - \{N(x_1;\delta) \cup N(x_2;\delta) \cup \cdots \cup N(x_i;\delta)\}$$

このとき，$d(x_j, x_k) \geqq \delta (j \neq k)$ であるから，点列〔x_i〕は収束する部分列をもたない．これは，条件 (2) に反する．

〔(3)⇒(1) の証明〕 背理法で証明する．A の開被覆 $\boldsymbol{C}$ で，有限部分被覆をもたないものが存在したと仮定する．A が全有界であるから，$(\varepsilon =)1/2$ に対して，X の部分集合 $B_1^1, B_2^1, \cdots, B_{m(1)}^1$ が存在して，次を満たす：

$$B_1^1 \cup B_2^1 \cup \cdots \cup B_{m(1)}^1 \supset A, \mathrm{diam}(B_j^1) < 1/2 \quad (1 \leqq j \leqq m(1))$$

すると，$B_1^1, B_2^1, \cdots, B_{m(1)}^1$ のなかには少なくとも 1 つ，$\boldsymbol{C}$ の有限個の元では被覆できないものがある；これを B_1^1 とする．$B_1^1 \cap A \neq \varnothing$ と仮定してよい．B_1^1 も全有界であるから，$(\varepsilon =)1/2^2$ に対して，B_1^1 の部分集合 $B_1^2, B_2^2, \cdots, B_{m(2)}^2$ が存在して，次を満たす：

$$B_1^2 \cup B_2^2 \cup \cdots \cup B_{m(2)}^2 = B_1^1, \mathrm{diam}(B_j^2) < 1/2^2 \quad (1 \leqq j \leqq m(2))$$

すると，$B_1^2, B_2^2, \cdots, B_{m(2)}^2$ のなかには少なくとも 1 つ，$\boldsymbol{C}$ の有限個の元では被覆できないものがある；これを B_1^2 とおく．$B_1^2 \cap A \neq \varnothing$ と仮定してよい．この操作を反復することにより，X の部分集合の列

$$B_1^1 \supset B_1^2 \supset B_1^3 \supset \cdots \supset B_1^k \supset B_1^{k+1} \supset \cdots$$

が得られ，作り方から，次を満たす：

（イ） $\mathrm{diam}(B_1^k) < 1/2^k \quad (k = 1, 2, 3, \cdots)$

（ロ） B_1^k は $\boldsymbol{C}$ の有限個の元では被覆できない．

（ハ） $B_1^k \cap A \neq \varnothing$

ここで，点 $x_k \in B_1^k \cap A$ を選ぶと，$\{x_i | i \geqq k\} \subset B_1^k (i \in \mathbb{N})$ が成り立つ．よって，点列〔x_i〕は，コーシー列である．仮定から，(A, d_A) は完備であるから，$\alpha \in A$ が存在して，$x_i \to \alpha \ (i \to \infty)$ である．$\boldsymbol{C}$ は A の開被覆であるから，$U \in \boldsymbol{C}$ が存在して，$\alpha \in U$ となる．すると，$N \in \mathbb{N}$ が存在して，$N(\alpha; 1/2^N) \subset U$ が成り立つ．また，点列〔x_i〕が α に収束することから，$n > N$ が存在して，$x_n \in N(\alpha; 1/2^{N+1})$ が成り立つ．よって，任意の $a \in B_1^n$ について，

$$d(a, \alpha) \leqq d(a, x_n) + d(x_n, \alpha) < \mathrm{diam}(B_1^n) + 1/2^{N+1} < 1/2^N$$

が成り立つ．よって，$B_1^n \subset N(\alpha; 1/2^N) \subset U$ が成立し，B_1^n の選び方 (ロ) に矛盾する． ◆

系 2.4　距離空間 (X,d) について，次の (1)，(2)，(3) は同値である：

(1)　(X,d) はコンパクトである．

(2)　(X,d) は点列コンパクトである．

(3)　(X,d) は全有界でかつ完備である．◆

一様連続性　(X,d_X)，(Y,d_Y) を距離空間とする．写像 $f:X\to Y$ が点 $a\in X$ において連続であることの定義は，

（$*$）　$\forall\varepsilon>0,\exists\,\delta>0\,(\forall x\in X, d_X(x,a)<\delta\Rightarrow d_Y(f(x),f(a))<\varepsilon)$

が成り立つというものであった．この定義によると，δ は，f と ε は勿論，点 a にも依存する．δ が，f と ε のみに依存し，a には依存しないで定まるとき，f は X 上で**一様連続** (uniformly continuous) であるという．

つまり，f が X 上で一様連続であるとは，次の命題（$**$）が成り立つ場合をいう：

（$**$）　$\forall\varepsilon>0,\exists\,\delta>0\,(\forall x,x'\in X, d_X(x,x')<\delta\Rightarrow d_Y(f(x),f(x'))<\varepsilon)$

定理 2.22　(X,d_X)，(Y,d_Y) を距離空間とし，$f:X\to Y$ を連続写像とする．X が（点列）コンパクトならば，f は一様連続である．

証明　f が一様連続ではないとして，背理法で証明する．

$\varepsilon>0$ に対して，$\delta=1/i, i\in\mathbb{N}$, とすると，

$$\exists\, x_i,y_i\in X\,(d_X(x_i,y_i)<1/i\wedge d_Y(f(x_i),f(y_i))\geqq\varepsilon)$$

が成り立ち，2つの点列〔x_i〕，〔y_i〕が得られる．X が（点列）コンパクトであるから，〔x_i〕の収束する部分列〔$x_{\iota(i)}$〕が存在する；$x_{\iota(i)}\to\alpha\ (i\to\infty)$ とする．このとき，対応する〔y_i〕の部分列〔$y_{\iota(i)}$〕について，$d_X(x_{\iota(i)},y_{\iota(i)})<1/i$ であるから，$y_{\iota(i)}\to\alpha\ (i\to\infty)$ となる．f が連続写像であるから，例題 2.8 により，

$$f(x_{\iota(i)})\to f(\alpha)\ (i\to\infty),\quad f(y_{\iota(i)})\to f(\alpha)\ (i\to\infty)$$

である．したがって，実数列〔$d_Y(f(x_{\iota(i)}),f(y_{\iota(i)}))$〕は 0 に収束する．よって，最初の $\varepsilon>0$ に対して，

$$\exists\, N\in\mathbb{N}\,(\forall k\in\mathbb{N}, \iota(k)\geqq N\Rightarrow d_Y(f(x_{\iota(k)}),f(y_{\iota(k)}))<\varepsilon)$$

が成り立つ．これは最初の条件 $d_Y(f(x_i),f(y_i))\geqq\varepsilon$ に矛盾する．◆

2.6　距離空間の連結性

(X, d) を距離空間とする．部分集合 $A \subset X$ に対して，次の 3 条件を満たす開集合 U, V が存在するとき，A は**連結でない** (disconnected) という；

(DC1)　$A \subset U \cup V$

(DC2)　$U \cap V = \varnothing$

(DC3)　$U \cap A \neq \varnothing \neq V \cap A$

このような U と V を，A を**分離する** (separate) 開集合という．

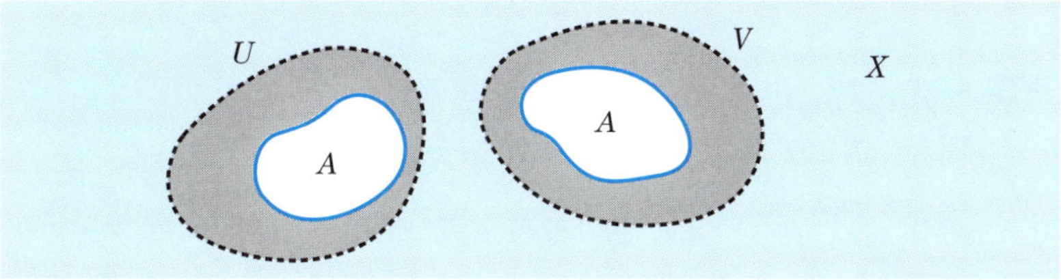

部分集合 $A \subset X$ が**連結** (connected) であるとは，上の「連結でない」の否定が成り立つ場合をいう．

ところで，「連結でない」の条件は 3 つあるので，否定の仕方は幾つも考えられる．例えば，

（イ）(DC1)，(DC2) を満たす開集合 U, V は (DC3) を満たさない．

（ロ）(DC2)，(DC3) を満たす開集合 U, V は (DC1) を満たさない．

（ハ）(DC1)，(DC2)，(DC3) を満たす 2 つの集合 U, V があれば，少なくとも一方は開集合ではない．

などがある．しかし，「連結」というのは，直観的にはつながっていることであり，「集合を分離する開集合が存在しない」というのが本質的である．そこで，改めて (イ) を取り上げて定義としておく：

（イ）　部分集合 $A \subset X$ が連結であるとは，次の 2 つの条件

$$(\mathrm{C1}) = (\mathrm{DC1})\ A \subset U \cup V$$

$$(\mathrm{C2}) = (\mathrm{DC2})\ U \cap V = \varnothing$$

を満たす開集合 $U, V \subset X$ については，次を満たす場合をいう：

$$(\mathrm{C3})\quad U \cap A = \varnothing \quad \text{または} \quad V \cap A = \varnothing$$

距離空間 (X, d) が「連結である」あるいは「連結でない」というのは，もちろん，上の定義で $A = X$ の場合で考える．

ところで，開集合の定義から，X と $\varnothing$ は常に X の開集合であり（定理 2.9 [O1]）同時に閉集合でもある（定理 2.10 (1)）．このような開集合でかつ閉集合でもある部分集合を利用して，連結性を特徴付けることができる．

定理 2.23　(1)　距離空間 (X, d) が連結である　⇔　X の部分集合で開かつ閉となるのもは X と $\varnothing$ に限る．

(2)　距離空間 (X, d) が連結でない　⇔　X と $\varnothing$ 以外に，X の開かつ閉なる部分集合が存在する．

証明　定義より，(1) と (2) は同値な命題であるから，(2) を証明する．

〔⇒ の証明〕 U と V を，X を分離する開集合とすると，(DC1) と (DC2) より，

$$U = X - V$$

$$V = X - U$$

であるから，U と V は X の閉集合でもある．(DC3) より，

$$U \neq \varnothing \neq V$$

であり，したがって，

$$U \neq X \neq V$$

でもある．

〔⇐ の証明〕 U を，X の開かつ閉なる部分集合で，$U \neq X, U \neq \varnothing$ とすると，$V = X - U$ も X の開集合で，U と V が X を分離することは容易に確かめられる．◆

★ 距離空間 (X, d) が連結であることを，定理 2.20(1) によって定義することが多い．この場合，部分集合 $A \subset X$ が連結であるとは，(X, d) の部分距離空間 (例 2.7) として (A, d_A) が連結であることと定める．

例題 2.16

(X,d) を距離空間とする．

(1) 2 点からなる集合 $\{a,b\} \subset X$ $(a \neq b)$ は連結でない．

(2) 1 点からなる集合 $\{a\} \subset X$ は連結である．

証明 (1) $\varepsilon = d(a,b) > 0$ について，$U = N(a;\varepsilon/2)$，$V = N(b;\varepsilon/2)$ とおけば，U と V は X の開集合で（例題 2.1），(DC2) $U \cap V = \varnothing$ であり，$a \in U, b \in V$ より，

$$\text{(DC1)} \quad \{a,b\} \subset U \cup V$$
$$\text{(DC3)} \quad \{a,b\} \cap U \neq \varnothing,\ \{a,b\} \cap V \neq \varnothing$$

も成り立つ．

(2) X の開集合 U,V で，$\{a\} \subset U \cup V$，$U \cap V = \varnothing$ なるものを考える．$\{a\} \subset U \cup V$ より，$a \in U \cup V$ だから，$a \in U$ または $a \in V$ が成り立つ．

$a \in U$ とすると $U \cap V = \varnothing$ より，$a \notin V$ であり，同様に，$a \in V$ とすると $a \notin U$ である．よって，(DC3) が成り立たない． ◆

問 題

2.23 (1) 有理数の全体 $\mathbb{Q} \subset \mathbb{R}^1$ は連結でないことを証明しなさい．

(2) 無理数の全体 $\mathbb{Q}^c \subset \mathbb{R}^1$ は連結でないことを証明しなさい．

定理 2.24 部分集合 $A \subset \mathbb{R}^1$ について，次が成り立つ：

$$A \text{ は連結} \quad \Leftrightarrow \quad A \text{ は区間}$$

ただし，区間とは，

$$(a,b),\ (a,b],\ [a,b),\ [a,b]$$

を意味し，$a = -\infty$，$b = \infty$ も許すものとする．$(-\infty,\infty) = \mathbb{R}^1$ である．また，$a = b$ のとき，$(a,a) = (a,a] = [a,a) = \varnothing$，$[a,a] = \{a\}$ とする．

★ 区間の定義から，A が区間とすると，次が成り立つ：

$$\forall a,b \in A, a \leqq b \Rightarrow [a,b] \subset A$$

証明 〔⇒ の証明〕対偶を証明する．A が区間でないとすると，注意★から，

$$\exists\, a,b \in A, a < b\ ([a,b] \not\subset A)$$

が成り立つ．ところが，

$$[a,b] \not\subset A \quad \Leftrightarrow \quad \exists\, c \in (a,b)\ (c \notin A)$$

である．$U = (-\infty, c), V = (c, \infty)$ とすれば，U, V は開集合で，

$$U \cup V = \mathbb{R}^1 - \{c\} \supset A, \quad U \cap V = \varnothing$$

が成り立つ．また，$a \in A \cap U, b \in A \cap V$ である．したがって，U, V は A を分離する開集合である．よって，A は連結でない．

〔$\Leftarrow$ の証明〕背理法で証明する．連結でない区間 A があると仮定する．(例題 2.16(2) より，$A \neq [a,a]$.) すると，A を分離する $\mathbb{R}^1$ の開集合 U, V が存在する；

(DC1) $A \subset U \cup V$，(DC2) $U \cap V = \varnothing$，(DC3) $U \cap A \neq \varnothing \neq V \cap A$

条件 (DC3) より，

$$\exists\, a_0 \in U \cap A, \exists\, b_0 \in V \cap A$$

条件 (DC2) より，$a_0 \neq b_0$ であるから，$a_0 < b_0$ と仮定してよい．再び上の注意★より，$[a_0, b_0] \subset A$ だから，$c_0 = (a_0 + b_0)/2 \in A$ である．したがって，(DC1) より，$c_0 \in U$ か $c_0 \in V$ である．

$$c_0 \in U \text{ のとき，} \qquad a_1 = c_0, \quad b_1 = b_0$$
$$c_0 \in V \text{ のとき，} \qquad a_1 = a_0, \quad b_1 = c_0$$

とする．いずれの場合も，$a_1 \in U \cap A, b_1 \in V \cap A$ であることに注意する．注意★より，$c_1 = (a_1 + b_1)/2 \in A$ であり，また $c_1 \in U$ か $c_1 \in V$ である．上と同様に，

$$c_1 \in U \text{ のとき，} \qquad a_2 = c_1, \quad b_2 = b_1$$
$$c_1 \in V \text{ のとき，} \qquad a_2 = a_1, \quad b_2 = c_1$$

とする．この操作を反復することにより，閉区間の列

$$[a_1, b_1] \supset [a_2, b_2] \supset \cdots \supset [a_i, b_i] \supset [a_{i+1}, b_{i+1}] \supset \cdots$$

が得られる．作り方から，$b_i - a_i = (1/2)^i (b-a) \to 0\, (i \to \infty)$ となるから，カントールの区間縮小定理により，

$$\exists !\, \alpha \in \bigcap_{i \in \mathbb{N}} [a_i, b_i] \subset [a,b] \subset A$$

条件 (DC1) と (DC2) より，$\alpha \in U$ か $\alpha \in V$ のいずれか一方が成り立つ．

$\alpha \in U$ とすると，U は開集合だから，

$$\exists\, \varepsilon > 0\, ((\alpha - \varepsilon, \alpha + \varepsilon) \subset U)$$

いま，$\lim_{i \to \infty} a_i = \lim_{i \to \infty} b_i = \alpha$ であるから，この $\varepsilon > 0$ に対して，

$$\exists\, N \in \mathbb{N}\, (\forall k \in \mathbb{N}, k \geqq N \Rightarrow [a_k, b_k] \subset (\alpha - \varepsilon, \alpha + \varepsilon) \subset U)$$

しかし，b_i の決め方から，$b_k \in V$ であったので，これは (DC2) に矛盾する．

$\alpha \in V$ の場合も，同様にして矛盾が導かれる．

よって，区間 A は連結である．◆

例題 2.17

(X,d) を距離空間とする．部分集合 $A \subset X$ が連結で，$A \subset B \subset A^a$ ならば，B も連結である．したがって，特に A^a も連結である．

証明 対偶を証明する．B が連結でないとすると，B を分離する X の開集合 U, V が存在する；

$$\text{(DC1)} \quad B \subset U \cup V, \quad \text{(DC2)} \quad U \cap V = \varnothing, \quad \text{(DC3)} \quad U \cap B \neq \varnothing \neq V \cap B$$

(DC3) より，点 $x \in U \cap B$ が存在するが，$B \subset A^a$ より，$x \in A^a$ であるから，x に収束する A の点列〔x_i〕が存在する．U は開集合だから，

$$\exists\, \varepsilon > 0\, (N(x;\varepsilon) \subset U)$$

が成り立つ．$x_i \to x\,(i \to \infty)$ だから，この $\varepsilon > 0$ に対して，

$$\exists\, N \in \mathbb{N}\ (\forall k \in \mathbb{N}, k \geqq N \Rightarrow d(x_k, x) < \varepsilon)$$

が成り立つ．このとき，$x_k \in N(x;\varepsilon) \subset U$ となるから，$x_k \in U \cap A; U \cap A \neq \varnothing$. まったく同様にして，$V \cap A \neq \varnothing$ も示される．$A \subset B$ より，$A \subset U \cup V$ だから，U と V は A を分離する開集合でもある．よって，A は連結でない．

ここで，$B = A^a$ とすることにより，閉包 A^a も連結であることがわかる． ◆

定理 2.25 $(X, d_X), (Y, d_Y)$ を距離空間とし，$f : X \to Y$ を連続写像とする．部分集合 $A \subset X$ が連結ならば，$f(A) \subset Y$ も連結である．

証明 対偶を証明する．$f(A)$ が連結でないとすると，$f(A)$ を分離する Y の開集合 U, V が存在する；

$$\text{(DC1)} \quad f(A) \subset U \cup V, \quad \text{(DC2)} \quad U \cap V = \varnothing$$
$$\text{(DC3)} \quad U \cap f(A) \neq \varnothing \neq V \cap f(A)$$

定理 2.13(2) により，$f^{-1}(U), f^{-1}(V)$ は X の開集合である．

$x \in A$ について，$f(x) \in f(A) \subset U \cup V$ だから，第 1 章の定理 1.9(3) と合わせて，

$$x \in f^{-1}(U \cup V) = f^{-1}(U) \cup f^{-1}(V)$$

が成り立つから，(DC1) $A \subset f^{-1}(U) \cup f^{-1}(V)$ が成り立つ．

また，$x \in f^{-1}(U) \cap f^{-1}(V)$ が存在するならば，$f(x) \in U \cap V$ となって，(DC2) に反する．したがって，(DC2) $f^{-1}(U) \cap f^{-1}(V) = \varnothing$ も成立する．

(DC3) $U \cap f(A) \neq \varnothing$ より，点 $y \in U \cap f(A)$ が存在する．$y \in f(A)$ だから，点 $x \in A$ が存在して，$f(x) = y$ となる．$f(x) \in U$ より，$x \in f^{-1}(U)$ が成り立つから，(DC3) $f^{-1}(U) \cap X \neq \varnothing$ も成り立つ．

(DC3) $V \cap f(X) \neq \varnothing$ より，まったく同様にして，(DC3) $f^{-1}(V) \cap X \neq \varnothing$ も結論される．

以上により，$f^{-1}(U)$ と $f^{-1}(V)$ は A を分離する開集合である．よって，A は連結でないことが示された．◆

閉区間上で定義された実数値連続関数に対する中間値の定理は，微分積分で学んでいる．この定理は，閉区間が連結であることが要点となっている．連結の概念が確定したところで，この定理を一般化する．

定理 2.26（中間値の定理）　(X, d) を距離空間とし，$f : X \to \mathbb{R}^1$ を連続写像とする．部分集合 $A \subset X$ が連結ならば，次が成り立つ：

$$\forall \alpha, \beta \in f(A), \alpha < \beta \, ([\alpha, \beta] \subset f(A))$$

証明　上の定理 2.25 より，$f(A)$ は連結である．$f(A) \subset \mathbb{R}^1$ だから，定理 2.24 より，$f(A)$ は区間である．したがって，（定理 2.24 における注意★によって）$\alpha, \beta \in f(A)$ で $\alpha < \beta$ ならば，$[\alpha, \beta] \subset f(A)$ が成り立つ．◆

系 2.5　(X, d) を距離空間，$A \subset X$ を連結な部分集合，$f : X \to \mathbb{R}^1$ を連続写像とする．A の 2 点 a, b について，$f(a) < f(b)$ ならば，次が成立する：

$$\forall \gamma \in \mathbb{R}^1, f(a) < \gamma < f(b), \exists\, c \in A \, (f(c) = \gamma)$$ ◆

例題 2.18

(X, d) を距離空間とし，$\{A_\lambda \,|\, \lambda \in \Lambda\}$ を X の連結な部分集合族とする．$\bigcap_{\lambda \in \Lambda} A_\lambda \neq \varnothing$ ならば，和集合 $A = \bigcup_{\lambda \in \Lambda} A_\lambda$ も連結である．

証明　背理法で証明する．A が連結でないとすると，A を分離する開集合 U, V が存在する；$A \subset U \cup V, U \cap V = \varnothing, U \cap A \neq \varnothing \neq V \cap A$.

1 点 $a \in \bigcap A_\lambda$ を選ぶ．$a \in A \subset U \cup V$ で，$U \cap V = \varnothing$ だから，$a \in U$ と仮定してよい．各 $\lambda \in \Lambda$ について，$a \in A_\lambda \cap U$ だから，$A_\lambda \cap U \neq \varnothing$ である．

もし，ある $\mu \in \Lambda$ について，$A_\mu \cap V \neq \varnothing$ とすると，U と V は A_μ を分離する開集合となり，A_μ の連結性に反する．よって，各 $\lambda \in \Lambda$ について，$A_\lambda \cap V = \varnothing$ である．これは，$V \cap A \neq \varnothing$ に矛盾する．◆

距離空間 (X, d) の点 x について，x を含むような X の連結集合すべての和集合を $C(x)$ で表し，点 x を含む X の**連結成分** (connected component) という；点 x を含む連結集合の全体を $\{A_\lambda \,|\, \lambda \in \Lambda\}$ とすると，$C(x) = \bigcup_{\lambda \in \Lambda} A_\lambda$.

1 点集合 $\{x\}$ は連結であるから（例題 2.16 (2)），$C(x) \neq \varnothing$ である．

例題 2.19

距離空間 (X, d) について，次が成り立つ：

(1)　点 $x \in X$ について，$C(x)$ は x を含む X の最大の連結集合である．

(2)　点 $x, y \in X$ について，$C(x) \cap C(y) \neq \varnothing \Rightarrow C(x) = C(y)$.

証明　〔(1) の証明〕 上の例題 2.16 (2) より，$C(x)$ は点 x を含む連結集合である．$B \subset X$ を x を含む連結集合とすると，連結成分の定義より，$B \subset C(x)$ である．

〔(2) の証明〕 $C(x) \cap C(y) \neq \varnothing$ とすると，例題 2.18 より，$C(x) \cup C(y)$ は連結である．連結成分の最大性により，$C(x) = C(x) \cup C(y) = C(y)$ である．◆

例題 2.19 (2) から，X 上の 2 項関係 $\boldsymbol{R}$ を，

$$x\boldsymbol{R}y \equiv C(x) = C(y)$$

と定義すると，これは同値関係となる．この同値関係により，X は連結成分によって分割されることになる．

例題 2.20

有理数の全体 $\mathbb{Q} \subset \mathbb{R}^1$ において，点 $x \in \mathbb{Q}$ を含む連結成分 $C(x)$ は 1 点集合 $\{x\}$ である．

証明　相異なる任意の 2 つの有理数 p, q に対して，これらを同時に含む $\mathbb{Q}$ の部分集合 M は連結でないことを証明すれば十分である．$p < q$ と仮定してよい．すると，無理数 γ が存在して，$p < \gamma < q$ となる（無理数の稠密性）．そこで，

$$U = (-\infty, \gamma), \quad V = (\gamma, \infty)$$

とおくと，これらは $\mathbb{R}^1$ の開集合で，

$$M \subset U \cup V, \quad U \cap V = \varnothing, \quad p \in U \cap M \neq \varnothing, \quad q \in V \cap M \neq \varnothing$$

が成り立つ；U と V は M を分離する．よって，M は連結でない．◆

例題2.20 の $\mathbb{R}^1$ における $\mathbb{Q}$ のように，距離空間 (X, d) の部分集合 $A \subset X$ において，各点 $x \in A$ の連結成分がすべて1点集合，つまり $C(x) = \{x\}$ であるとき，A は**完全不連結** (totally disconnected) であるという．

定理 2.27 $(X, d_X), (Y, d_Y)$ を距離空間とする．部分集合 $A \subset X$，$B \subset Y$ がともに連結ならば，直積集合 $A \times B$ も直積距離空間 $(X \times Y, d)$ の部分集合として連結である．

証明 $A \times B$ の任意の2点 $a = (x_1, y_1), b = (x_2, y_2)$ について，点 a を含む連結成分 $C(a)$ と点 b を含む連結成分 $C(b)$ が一致することを示せば十分である．

写像 $f : A \to A \times B$, $g : B \to A \times B$ を，それぞれ，次のように定義する：

$$f(z) = (z, y_1) \quad (z \in A), \quad g(w) = (x_2, w) \quad (w \in B)$$

f は A と $A \times \{y_1\} \subset A \times B$ を同一視する写像で，g は B と $\{x_2\} \times B \subset A \times B$ を同一視する写像だから，明らかに連続写像である．A, B は連結であるから，定理2.25 によって，$f(A)$ と $g(B)$ はともに $A \times B$ の連結集合である．ところで，

$$f(x_1) = (x_1, y_1) = a, \quad f(x_2) = (x_2, y_1) = g(y_1), \quad g(y_2) = (x_2, y_2) = b$$

である．よって，$f(A)$ は a と点 $c = (x_2, y_1)$ を含む連結集合，$g(B)$ は c と b を含む連結集合となるから，$A \times B$ において，

$$C(a) = C(c) = C(b)$$

が成り立つ． ◆

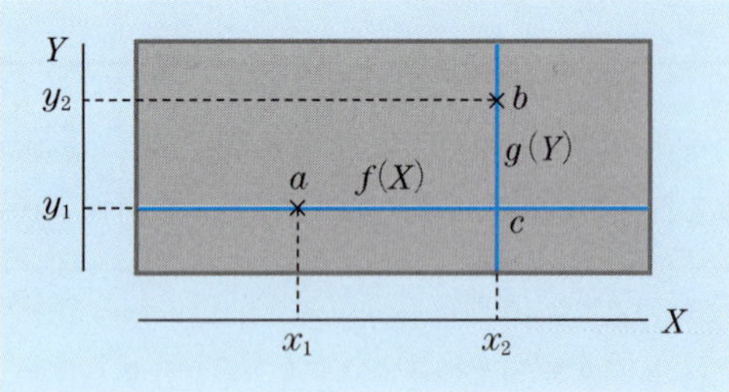

定理2.24 で $\mathbb{R}^1$ が連結であることを証明したので，この定理と併せて，次が得られる：

系 2.6 n 次元ユークリッド空間 $\mathbb{R}^n$ は連結である． ◆

弧状連結性　次に，閉区間の連結性を利用した新たな連結性の概念を導入する．数学の多くの場面では，これまで議論してきた「連結」よりもこちらの方が実用的でかつ実践的である．

(X,d) を距離空間とする．部分集合 $A \subset X$ に対して，閉区間$[0, 1]$から部分距離空間 (A,d_A) への連続写像 $w:[0,1] \to A$ を A における**道** (path) といい，点 $w(0)$ をその**始点** (initial point)，点 $w(1)$ をその**終点** (terminal point) という．また，このとき，A の 2 点 $w(0)$ と $w(1)$ は道 w によって**結ばれる**という．

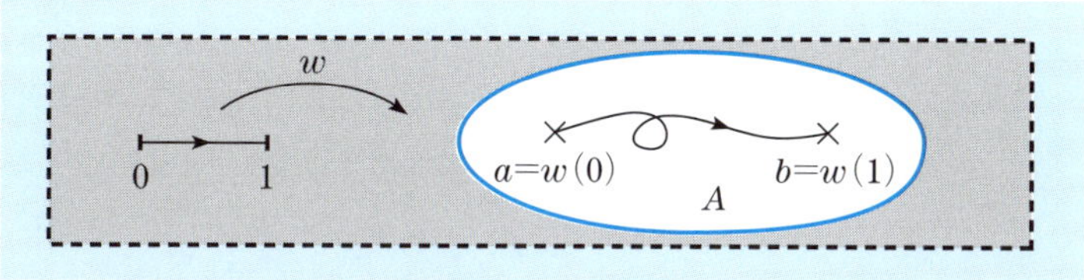

★ 道 $w:[0,1] \to A$ の像 $w([0,1])$ を**弧** (arc) という．説明図では弧が使われるが，道はあくまで連続写像である．

距離空間 (X,d) の部分距離空間 (A,d_A) の任意の 2 点が道によって結ばれるとき，A は**弧状連結** (arcwise connected, pathwise connected) であるという．

例題 2.21

(1)　距離空間 (X,d) において，1 点からなる集合 $\{a\} \subset X$ は弧状連結である．

(2)　$\mathbb{R}^1$ の任意の区間は弧状連結である．

(3)　$\mathbb{R}^n$ は弧状連結である．また，$\mathbb{R}^n$ の任意の点 a と任意の実数 $r>0$ について，開球 $N(a;r)$，閉球 $D(a;r)$ はいずれも弧状連結である．

証明　(1)　点 a に値をとる定値写像 $c_a:[0,1] \to A, c_a([0,1]) = \{a\}$，は連続である．つまり，$c_a$ は a と a を結ぶ $\{a\}$ の道である．

(2)　定理 2.24 の注★より，閉区間 $[a,b]$ が弧状連結であることを示せば十分である．写像 $f : [0,1] \to [a,b] \subset \mathbb{R}^1$ を，$f(x) = (b-a)x + a$ で定義すると，これは連続写像である．(実際，全単射である.)

(3) 2点 $a = (a_1, a_2, \cdots, a_n), b = (b_1, b_2, \cdots, b_n) \in \mathbb{R}^n$ に対し，道 $w : [0,1] \to \mathbb{R}^n$ を

$$w(t) = ((1-t)a_1 + tb_1, (1-t)a_2 + tb_2, \cdots, (1-t)a_n + tb_n)$$

によって定めると，$w(0) = a$, $w(1) = b$ となる．

任意の2点 $a, b \in N(a;r)$ について，上で用いた道 w は，a と b を結ぶ道である．$D(a;r)$ についても同じである． ◆

★ この弧 $w([0,1])$ は，a と b を結ぶ線分である．部分集合 $A \subset \mathbb{R}^n$ が**凸** (convex) であるとは，任意の2点 $a, b \in A$ について，a と b を結ぶ線分が A に含まれる場合をいう．$\mathbb{R}^n$ や $N(a;r), D(a;r)$ は凸である．凸な部分集合は弧状連結である．

道については，次の2つの性質が基本的である：

(1) A の2点 a と b が道で結ばれるならば，b と a も道で結ばれる．実際，$w : [0,1] \to A$ を $w(0) = a, w(1) = b$ なる A の道とすると，

$$\overline{w} : [0,1] \to A, \quad \overline{w}(t) = w(1-t) \quad (0 \leqq t \leqq 1)$$

によって定義される写像 $\overline{w}$ も連続で，

$$\overline{w}(0) = w(1) = b, \quad \overline{w}(1) = w(0) = a$$

である．なお，ここで定義された道 $\overline{w}$ を，道 w の**逆の道** (inverse path) という．

(2) A の3点 a, b, c について，a と b が道によって結ばれ，かつ b と c が道によって結ばれるならば，a と c は道によって結ばれる．実際，

$$u : [0,1] \to A \text{ を } \quad u(0) = a, \quad u(1) = b \text{ なる道}$$
$$v : [0,1] \to A \text{ を } \quad v(0) = b, \quad v(1) = c \text{ なる道}$$

とするとき，区間上の連続写像

$$\sigma : [0, 1/2] \to [0,1], \quad \sigma(t) = 2t$$
$$\tau : [1/2, 1] \to [0,1], \quad \tau(t) = 2t - 1$$

を利用して，$w : [0,1] \to A$ を次のように定義する：

$$w(t) = \begin{cases} (u \circ \sigma)(t) & (0 \leqq t \leqq 1/2) \\ (v \circ \tau)(t) & (1/2 \leqq t \leqq 1) \end{cases}$$

定理 2.14 により，$u \circ \sigma$ と $v \circ \tau$ はいずれも連続写像である．また，

閉区間 $[0, 1/2]$, $[1/2, 1]$ はいずれも区間 $[0,1]$ の閉集合であり,

$$(u \circ \sigma)(1/2) = u(1) = b = v(0) = (v \circ \tau)(1/2)$$

であるから, 問題 2.15 より, w も連続, つまり, w は道である.

しかも,

$$w(0) = u(0) = a, \quad w(1) = v(1) = c$$

が成り立つ. ここで定義された道 w を, 道 u と道 v の**積** (product) という.

上の 2 つの性質と, 例題 2.21(1) の証明で用いた定値写像を用いることにより, 距離空間 (X, d) において,「道によって結ばれる」という関係は集合 X 上の同値関係であることが示される. この各同値類を X の**弧状連結成分** (arcwise connected component) という.

弧状連結成分を, 連結成分にならって, もう少し詳しくみてみよう.

例題 2.22

(X, d) を距離空間とし, $A \subset X$ とする.

A が弧状連結であることと, 次の (∗) は同値な条件である:

(∗) 1 点 $a \in A$ が存在して, A の任意の点は a と道で結ばれる.

証明 A が弧状連結ならば, 任意に 1 点 $a \in A$ を選ぶと, 定義より, A の任意の点は a と道で結ばれる.

逆に, (∗) が成り立つとする. 任意の 2 点 $x, y \in A$ について, (∗) より, A の道

$$u : [0,1] \to A, u(0) = a, u(1) = x, \qquad v : [0,1] \to A, v(0) = a, v(1) = y$$

が存在する. 道 u と, 道 v の逆の道 $\overline{v}$ の積は, x と y を結ぶ道である.

任意の 2 点が道で結ばれるので, A は弧状連結である. ◆

系 2.7 (X, d) を距離空間とし, $\{A_\lambda | \lambda \in \Lambda\}$ を X の弧状連結な部分集合族とする. $\bigcap_{\lambda \in \Lambda} A_\lambda \neq \varnothing$ ならば, 和集合 $A = \bigcup_{\lambda \in \Lambda} A_\lambda$ も弧状連結である. ◆

証明 1 点 $a \in \bigcap A_\lambda$ を任意に選ぶ. 任意の点 $x \in A$ に対して, $\mu \in \Lambda$ が存在して, $x \in A_\mu$ となる. A_μ は弧状連結であるから, x は a と $A_\mu \subset A$ で道で結ばれる. 例題 2.22 により, A は弧状連結である. ◆

距離空間 (X,d) の点 x について，x を含むような X の弧状連結集合すべての和集合を $C^*(x)$ で表し，点 x を含む**弧状連結成分**という．$C^*(x)$ は，前記の「道によって結ばれる」という X 上の同値関係による，点 x の同値類と一致する．

例題 2.21 (1) より，1 点集合は弧状連結であるから，$C^*(x) \neq \varnothing$ であり，例題 2.19 にならって，次が成り立つ：

系 2.8 距離空間 (X,d) において，次が成り立つ：

(1) 点 $x \in X$ について，$C^*(x)$ は x を含む最大の弧状連結成分である．

(2) 点 $x, y \in X$ について，$C^*(x) \cap C^*(y) \neq \varnothing \Rightarrow C^*(x) = C^*(y)$． ◆

定理 2.28 $(X,d_X), (Y,d_Y)$ を距離空間とし，$f: X \to Y$ を連続写像とする．部分集合 $A \subset X$ が弧状連結ならば，$f(A) \subset Y$ も弧状連結である．

証明 2 点 $x, y \in f(A)$ に対して，点 $a, b \in A$ が存在して，$f(a) = x, f(b) = y$ となる．A は弧状連結だから，道 $w: [0,1] \to A$ が存在して，$w(0) = a, w(1) = b$ となる．このとき，合成写像 $f \circ w: [0,1] \to f(A)$ は，定理 2.14 により連続写像で，

$$(f \circ w)(0) = f(w(0)) = f(a) = x, \quad (f \circ w)(1) = f(w(1)) = f(b) = y$$

であるから，x と y を結ぶ $f(A)$ の道である． ◆

定理 2.29 $(X,d_X), (Y,d_Y)$ を距離空間とする．部分集合 $A \subset X, B \subset Y$ がともに弧状連結ならば，直積集合 $A \times B$ も直積距離空間 $(X \times Y, d)$ の部分集合として弧状連結である．

証明 定理 2.27 の証明と同じ方針で証明される． ◆

定理 2.30 弧状連結な距離空間 (X,d) は連結である．

証明 任意の 2 点 $a, b \in X$ について，仮定により，a と b を結ぶ道 $w: [0,1] \to X$ が存在するが，定理 2.24 と定理 2.25 より，弧 $w([0,1])$ は a と b を同時に含む連結集合である． ◆

★ この定理の逆は一般には成立しない．第 3 章の例 3.13 を参照．

第3章

位相空間

距離空間 (X,d) においては，まず距離 d を用いて ε-近傍を定義し，これを用いて写像の連続性を定義した．しかし，ε-近傍を用いて開集合・閉集合の概念を導入すると，写像の連続性は，距離 d，したがって ε-近傍とは無関係に，開集合・閉集合によって定義できることになった（定理 2.13）．そして，その後の議論は，定理 2.9 で挙げた開集合の 3 つの性質 [O1]，[O2]，[O3] を活用することで，ほとんどが済むことになった．このような状況を踏まえて，性質 [O1]，[O2]，[O3] を抽象化し，距離空間を含むより広い概念として，「位相空間」を導入する．

3.1　開集合・位相・位相空間

X を空でない集合とする．X の部分集合族 $\boldsymbol{O} \subset 2^X$ が次の 3 条件を満たすとき，これを X 上の**位相** (topology)，あるいは**開集合族**という：

[O1]　$X \in \boldsymbol{O}, \quad \varnothing \in \boldsymbol{O}$

[O2]　$U_1, U_2, \cdots, U_m \in \boldsymbol{O} \quad \Rightarrow \quad U_1 \cap U_2 \cap \cdots \cap U_m \in \boldsymbol{O}$

[O3]　$\{U_\lambda \in \boldsymbol{O} \mid \lambda \in \Lambda\} \quad \Rightarrow \quad \bigcup_{\lambda \in \Lambda} U_\lambda \in \boldsymbol{O}$

位相 $\boldsymbol{O}$ が定められた集合 X を対 $(X, \boldsymbol{O})$ で表し，**位相空間** (topological space) という．また，$U \in \boldsymbol{O}$ のとき，U を X の**開集合** (open set, open subset) という．

★ 上の 3 条件 [O1]，[O2]，[O3] をまとめて，**位相の公理**，または開集合の公理ということがある．

例 3.1 (X, d) を距離空間とする．2.3 節で考察した (X, d) の開集合族 $\boldsymbol{O}_d(X)$ は X 上の 1 つの位相である（定理 2.9）．この位相を距離 d によって定まる**距離位相** (metric topology) という．実際，距離位相はこれから学ぶ位相のモデルである．

ユークリッド空間 $(\mathbb{R}^n, d^{(n)})$ については，特に断らなければ，ユークリッドの距離 $d^{(n)}$ によって定まる距離位相が入っているものとして扱う．なお，この位相を $\mathbb{R}^n$ の**通常の位相**という．

位相空間 $(X, \boldsymbol{O})$ に対して，集合 X 上にある距離関数 d が定義できて，$\boldsymbol{O} = \boldsymbol{O}_d(X)$ となるとき，この位相 $\boldsymbol{O}$ は**距離化可能** (metrizable) であるという．

例 3.2 (1) 集合 $X \neq \varnothing$ について，$\boldsymbol{O} = \{X, \varnothing\}$ は明らかに位相の公理を満たす．この位相を**密着位相** (indiscrete topology) といい，位相空間 $(X, \{X, \varnothing\})$ を**密着空間** (indiscrete space) という．

(2) 集合 $X \neq \varnothing$ について，その巾集合 $\boldsymbol{O} = 2^X$ も明らかに位相の公理を満たす．この位相を**離散位相** (discrete topology) といい，位相空間 $(X, 2^X)$ を**離散空間** (discrete space) という．

1 点から成る集合 $X = \{x\}$ 上では，密着位相と離散位相とが一致し，これ以外の位相は存在しない．

問題

3.1 (1) 集合 X に対して，例 2.6 で定義した離散距離 d によって定まる距離位相 $\boldsymbol{O}_d(X)$ は，上の例 3.2 (2) の離散位相と一致することを示しなさい．（この結果，離散位相は距離化可能である．）

(2) 密着位相は一般に距離化可能でないことを示しなさい．

例 3.3 集合 $X=\{1,2\}$ の上の位相は，次の 4 通りである：

$$\boldsymbol{O}_1=\{\varnothing,\{1\},\{2\},X\},\qquad \boldsymbol{O}_2=\{\varnothing,X\}$$
$$\boldsymbol{O}_3=\{\varnothing,\{1\},X\},\qquad \boldsymbol{O}_4=\{\varnothing,\{2\},X\}$$

実際，X の巾集合は，$2^X=\{\varnothing,\{1\},\{2\},X\}$ である．この部分集合族で，[O1]，[O2]，[O3] を満たすものを探せばよい．まず，条件 [O1] から，求める集合族には $\varnothing$ と X が必ず属する．残りの $\{1\}$ と $\{2\}$ が属するか否かで上の 4 通りの集合族が得られるが，これらはいずれも条件 [O2]，[O3] を満たしていることが容易に確かめられる．

問 題

3.2 集合 $X=\{1,2,3\}$ 上の位相をすべて求めなさい．

例題 3.1

$(X,\boldsymbol{O})$ を位相空間とし，$A\subset X, A\neq\varnothing$ とする．

部分集合 $V\subset A$ について，$V\in\boldsymbol{O}(A)\ \Leftrightarrow\ \exists\, U\in\boldsymbol{O}\ (V=A\cap U)$ と定義すると，$\boldsymbol{O}(A)$ は A 上の位相となる．

$\boldsymbol{O}(A)$ を集合 A 上の $\boldsymbol{O}$ に関する**相対位相** (relative topology) といい，**位相空間** $(A,\boldsymbol{O}(A))$ を位相空間 $(X,\boldsymbol{O})$ の**部分位相空間** (topological subspace)，または単に**部分空間** (subspace) という．

証明 [O1] $X\in\boldsymbol{O}$ で，$A\cap X=A$ より，$A\in\boldsymbol{O}(A)$．
$\varnothing\in\boldsymbol{O}$ で，$A\cap\varnothing=\varnothing$ より，$\varnothing\in\boldsymbol{O}(A)$．

[O2] $V_1,V_2,\cdots,V_m\in\boldsymbol{O}(A)$ とすると，定義より，$U_1,U_2,\cdots,U_m\in\boldsymbol{O}$ が存在して，$V_1=A\cap U_1, V_2=A\cap U_2,\cdots,V_m=A\cap U_m$ となる．

$$\begin{aligned}V_1\cap V_2\cap\cdots\cap V_m&=(A\cap U_1)\cap(A\cap U_2)\cap\cdots\cap(A\cap U_m)\\&=A\cap(U_1\cap U_2\cap\cdots\cap U_m)\end{aligned}$$

で，$U_1\cap U_2\cap\cdots\cap U_m\in\boldsymbol{O}$ だから，$V_1\cap V_2\cap\cdots\cap V_m\in\boldsymbol{O}(A)$ である．

[O3] $V_\lambda\in\boldsymbol{O}(A),\lambda\in\Lambda$，のとき，定義より，各 V_λ に対して，$U_\lambda\in\boldsymbol{O}$ が存在して，$V_\lambda=A\cap U_\lambda$ となる．定理 1.4 より，

$$\bigcup_{\lambda\in\Lambda} V_\lambda = \bigcup_{\lambda\in\Lambda} (A \cap U_\lambda) = A \cap \left(\bigcup_{\lambda\in\Lambda} U_\lambda\right)$$

が成り立ち，$\bigcup_{\lambda\in\Lambda} U_\lambda \in \boldsymbol{O}$ だから，$\bigcup_{\lambda\in\Lambda} V_\lambda \in \boldsymbol{O}(A)$ である． ◆

閉集合 位相空間 $(X, \boldsymbol{O})$ において，部分集合 $F \subset X$ が**閉集合** (closed set, closed subset) であるとは，その補集合 $F^c = X - F$ が開集合である場合をいい，X の閉集合全体の集合族を $\boldsymbol{A}(X)$ または単に $\boldsymbol{A}$ で表す；

$$F \in \boldsymbol{A}(X) \equiv F^c \in \boldsymbol{O}$$

定理 3.1 位相空間 $(X, \boldsymbol{O})$ の閉集合の全体 $\boldsymbol{A}$ は，次の性質をもつ：

(1) $\varnothing \in \boldsymbol{A}, X \in \boldsymbol{A}$

(2) $F_1, F_2, \cdots, F_m \in \boldsymbol{A} \quad \Rightarrow \quad F_1 \cup F_2 \cup \cdots \cup F_m \in \boldsymbol{A}$

(3) $\{F_\lambda \in \boldsymbol{A} | \lambda \in \Lambda\} \quad \Rightarrow \quad \bigcap_{\lambda\in\Lambda} F_\lambda \in \boldsymbol{A}$

証明 (1) [O1] より，

$$\varnothing^c = X \in \boldsymbol{O} \text{ だから，} \varnothing \in \boldsymbol{A}, \qquad X^c = \varnothing \in \boldsymbol{O} \text{ だから，} X \in \boldsymbol{A}.$$

(2) ド・モルガンの法則（定理 1.3(4)）と [O2] より，

$$(F_1 \cup F_2 \cup \cdots \cup F_m)^c = F_1^c \cap F_2^c \cap \cdots \cap F_m^c \in \boldsymbol{O}$$

が成り立つから，$F_1 \cup F_2 \cup \cdots \cup F_m \in \boldsymbol{A}$.

(3) ド・モルガンの法則（定理 1.4 (2)）と [O3] より，

$$\left(\bigcap_{\lambda\in\Lambda} F_\lambda\right)^c = \bigcup_{\lambda\in\Lambda} F_\lambda^c \in \boldsymbol{O} \text{ であるから，} \bigcap_{\lambda\in\Lambda} F_\lambda \in \boldsymbol{A}.$$ ◆

近傍・近傍系 距離空間 (X, d) においては，点 $a \in X$ の ε-近傍 $N(a; \varepsilon)$ が，開集合や閉集合の定義の際にも写像の連続性を定義する際にも，基本的な役割を果たした．位相空間 $(X, \boldsymbol{O})$ においては，これに代わるべき集合としては，指定された開集合族 $\boldsymbol{O}$ しかあり得ない．そこで，$\boldsymbol{O}$ を用いて近傍を定義する．

$(X, \boldsymbol{O})$ を位相空間とする．部分集合 $N \subset X$ が点 $a \in X$ の**近傍** (neighborhood) であるとは，次が成り立つ場合をいう：

$$\exists\, U \in \boldsymbol{O}\,(a \in U \subset N)$$

この定義から，点 $a \in X$ を含む開集合は，必然的に a の近傍である．開集合である近傍を**開近傍** (open neighborhood) という．

点 $a \in X$ の近傍全体の集合族を a の**近傍系** (system of neighborhoods) といい，以下では $\boldsymbol{N}(a)$ で表す．また，点 a の開近傍全体の集合族を a の**開近傍系**といい，$\boldsymbol{No}(a)$ で表すことにする．

これらの定義から，次の性質は直ちに確かめられる：

命題 3.1 $(X, \boldsymbol{O})$ を位相空間とする．

(1) $a \in X \quad \Rightarrow \quad X \in \boldsymbol{No}(a) \subset \boldsymbol{N}(a)$

(2) $N \in \boldsymbol{No}(a) \quad \Rightarrow \quad a \in N,$

$N \in \boldsymbol{N}(a) \quad \Rightarrow \quad a \in N$

(3) $N \in \boldsymbol{N}(a), N \subset M \subset X \quad \Rightarrow \quad M \in \boldsymbol{N}(a)$ ◆

例題 3.2

$(X, \boldsymbol{O})$ を位相空間とする．

(1) $N, M \in \boldsymbol{No}(a) \quad \Rightarrow \quad N \cap M \in \boldsymbol{No}(a)$

(2) $N, M \in \boldsymbol{N}(a) \quad \Rightarrow \quad N \cap M \in \boldsymbol{N}(a)$

証明 (1) $N \cap M \in \boldsymbol{O}$ で，$a \in N \cap M$ だから，$N \cap M \in \boldsymbol{No}(a)$

(2) 定義より，$U, V \in \boldsymbol{O}$ が存在して，$a \in U \subset N, a \in V \subset M$ を満たす．このとき，$a \in U \cap V \subset N \cap M$ で，$U \cap V \in \boldsymbol{O}$ だから，$N \cap M \in \boldsymbol{N}(a)$． ◆

内点・開核 位相空間 $(X, \boldsymbol{O})$ において，その部分集合 $A \subset X$ と点 $x \in X$ に関して，次のように定義する．

(i) 点 x が A の**内点** (interior point) $\equiv \exists\, U \in \boldsymbol{No}(x)(U \subset A)$

(e) 点 x が A の**外点** (exterior point) $\equiv \exists\, U \in \boldsymbol{No}(x)(U \subset A^c)$

(f) 点 x が A の**境界点** (frontier point, boundary point)

$$\equiv \forall U \in \boldsymbol{No}(x)(U \cap A \neq \varnothing \wedge U \cap A^c \neq \varnothing)$$

A の内点の全体を A^i で表し，A の**内部**または**開核** (interior) という．点 $x \in X$ が A の内点ならば，$x \in U \subset A$ だから，必然的に $x \in A$ である．

$$A^i = \{x \in A | \exists\, U \in \boldsymbol{No}(x)(U \subset A)\}$$

外点の全体を A^e で表し，A の**外部** (exterior) という．点 $x \in X$ が A の外点ならば，$x \in A^c$，したがって，$x \notin A$ である．

$$A^e = \{x \in A^c | \exists\, U \in \boldsymbol{No}(x)\,(U \subset A^c)\} = (A^c)^i$$

A の境界点の全体を A^f で表し，A の**境界** (frontier, boundary) という．

$$A^f = \{x \in X | \forall\, U \in \boldsymbol{No}(x)\,(U \cap A \neq \varnothing \wedge U \cap A^c \neq \varnothing)\}$$

境界点については，A に属する場合も属さない場合もあり得る．

上の定義を比べると，任意の点 $x \in X$ は，部分集合 A の内点・外点・境界点のいずれか 1 つであることがわかり，次が成り立つ：

(☆)　$X = A^i \cup A^e \cup A^f;\quad A^i \cap A^e = A^e \cap A^f = A^f \cap A^i = \varnothing$

定理 3.2　$(X, \boldsymbol{O})$ を位相空間とする．次が成り立つ：

(1)　部分集合 $A \subset X$ について，$A \in \boldsymbol{O} \iff A^i = A$.

(2)　部分集合 $A \subset X$ について，A の開核 $A^i \in \boldsymbol{O}$; $(A^i)^i = A^i$.

(3)　部分集合 $A, B \subset X$ について，$A \subset B \Rightarrow A^i \subset B^i$.

(4)　部分集合 $A \subset X$ の開核 A^i は，A に含まれる最大の開集合である．

(5)　部分集合 $A, B \subset X$ について，$(A \cap B)^i = A^i \cap B^i$.

ヒント　基本的に，距離空間の場合の定理 2.11 の証明と同じである．「$\exists\, \varepsilon > 0(N(x;\varepsilon))\cdots$」の部分を「$\exists\, U \in \boldsymbol{No}(x)\cdots$」と置き換えるとよい．

証明　(1)〔⇒ の証明〕 $A \in \boldsymbol{O}$ とすると，任意の点 $x \in A$ に対して，$A \in \boldsymbol{No}(x)$ であるから，$x \in A^i$ である．よって，$A \subset A^i$ が成り立つ．一般に，内点の定義から，$A^i \subset A$ であるから，$A^i = A$ が結論される．

〔$\Leftarrow$ の証明〕 $A = A^i$ であるから，任意の点 $x \in A$ に対して $U(x) \in \boldsymbol{No}(x)$ が存在して，$U(x) \subset A$ となる．よって，$\bigcup_{x \in A} U(x) \subset A$ であり，一方 $\bigcup_{x \in A} U(x) \supset A$ は明らかだから，$\bigcup_{x \in A} U(x) = A$ である．ところで，各 $x \in A$ について $U(x) \in \boldsymbol{O}$ であるから，位相の公理 [O3] により，

$$A = \bigcup_{\lambda \in \Lambda} U(x) \in \boldsymbol{O}$$

である．

(2) と (3) は，内点の定義と (1) から，直ちに証明される．

(4)　A^i が開集合であることは (2) で述べたので，その最大性を証明する．$B \in \boldsymbol{O}$ で，$B \subset A$ とする．任意の $x \in B$ について，$U(x) \in \boldsymbol{No}(x)$ が存在して，$U(x) \subset B$ が成り立つ．$B \subset A$ だから，$U(x) \subset A$ である．これは，x が A の内点であることを示す；$x \in A^i$．よって，$B \subset A^i$ が成り立つ．

(5)〔$(A \cap B)^i \supset A^i \cap B^i$ の証明〕 $A^i \subset A, B^i \subset B$ であるから，$A^i \cap B^i \subset A \cap B$ で，$A^i \cap B^i \in \boldsymbol{O}$ である．上の (4) より，$(A \cap B)^i$ は $A \cap B$ に含まれる最大の開集合である．よって，

$$(A \cap B)^i \supset A^i \cap B^i$$

である．

〔$(A \cap B)^i \subset A^i \cap B^i$ の証明〕 上の (4) より，A^i は A に含まれる最大の開集合で，$A \cap B \subset A$ であるから，$(A \cap B)^i \subset A^i$．まったく同様にして，$(A \cap B)^i \subset B^i$．したがって，

$$(A \cap B)^i \subset A^i \cap B^i$$

である．◆

問　題

3.3　位相空間 $(X, \boldsymbol{O})$ の任意の部分集合 $A \subset X$ について，その外部 A^e は開集合であり，境界 A^f は閉集合であることを証明しなさい．

3.4　$(X, \boldsymbol{O})$ を位相空間とする．部分集合 $A \subset X$ に対して，

$$\{U_\lambda \in \boldsymbol{O} | U_\lambda \subset A, \lambda \in \Lambda\}$$

を，A に含まれるような X の開集合全体の集合族とすると，

$$A^i = \bigcup_{\lambda \in \Lambda} U_\lambda$$

が成り立つことを証明しなさい．

3.5　上の内点・外点・境界点の定義において，開近傍 $\boldsymbol{No}(x)$ を近傍 $N(x)$ に置き換えても同値であることを確認しなさい．

触点・閉包 $(X, \boldsymbol{O})$ を位相空間とする．部分集合 $A \subset X$ と点 $x \in X$ について，次のように定める：

（イ） 点 x が A の**触点** (adherent point)

$$\equiv \forall U \in \boldsymbol{No}(x)(U \cap A \neq \varnothing)$$

（ロ） 点 x が A の**集積点** (accumulation point)

$$\equiv \forall U \in \boldsymbol{No}(x)(U \cap (A - \{x\}) \neq \varnothing)$$

（ハ） 点 x が A の**孤立点** (isolated point)

$$\equiv \exists\, U \in \boldsymbol{No}(x)(U \cap A = \{x\})$$

内点・外点・境界点の定義と触点の定義を比較してみると，x が A の触点であることは，x が A の内点または境界点であることは同じである．A の触点の全体を A^a で表し，A の**閉包** (closure) という．

$$\begin{aligned} A^a &= \{x \in X \,|\, \forall U \in \boldsymbol{No}(x)(U \cap A \neq \varnothing)\} \\ &= A^i \cup A^f \supset A \end{aligned}$$

A の集積点の全体を A の**導集合** (derived set) といい，A^d で表す．上の定義から，$x \notin A$ の場合には，x が A の触点であることと集積点であることは同等であり，$A - A^d$ の点が孤立点である；

$$A^a = A^d \cup \{A \text{ の孤立点}\}$$

定理 3.3 位相空間 $(X, \boldsymbol{O})$ と部分集合 $A \subset X$ について，次が成り立つ：

(1) A の閉包 A^a は，A を含む最小の閉集合である．

(2) A が X の閉集合；$A \in \boldsymbol{A}(X) \quad \Leftrightarrow \quad A = A^a$

(3) $A^a = (A^a)^a$

証明 (1) $(A^a)^c = X - A^a = X - (A^i \cup A^f) = A^e$ で，A^e は開集合であるから（問題 3.3），A^a は閉集合である．

$B \subset X$ を閉集合とし，$B \supset A$ とする．$x \in B^c$ とすると，B^c は開集合なので，

$$\exists\, U \in \boldsymbol{No}(x)\ (U \subset B^c)$$

ところが，$B \supset A$ だから $B^c \subset A^c$ が成り立つので，$U \subset A^c$ である．これは x が A の外点であることを示す；$x \in A^e = (A^a)^c$．よって，$B^c \subset (A^a)^c$ であるから，

$B \supset A^a$ が成り立つ．よって，A^a は A を含む閉集合のうちで最小である．

(2)〔⇒ の証明〕 $A \in \boldsymbol{A}(X)$ ならば，(1) の A^a の最小性より，$A \supset A^a$ である．一般に $A \subset A^a$ であるから，$A = A^a$．〔⇐ の証明〕(1) より，$A^a \in \boldsymbol{A}(X)$ である．

(3) は，上の (2) から直ちにわかる．◆

問　題

3.6　位相空間 $(X, \boldsymbol{O})$ の部分集合 $A, B \subset X$ について，次が成り立つことを証明しなさい：

$$A \subset B \quad \Rightarrow \quad A^a \subset B^a, A^d \subset B^d$$

3.7　位相空間 $(X, \boldsymbol{O})$ の部分集合 $A \subset X$ に対して，$\{F_\lambda \in \boldsymbol{A}(X) | F_\lambda \supset A, \lambda \in \Lambda\}$ を A を含むような X の閉集合全体の集合族とすると，

$$A^a = \bigcap_{\lambda \in \Lambda} F_\lambda$$

が成り立つことを証明しなさい．

3.8　上の触点・集積点・孤立点の定義において，開近傍 $\boldsymbol{No}(x)$ を近傍 $\boldsymbol{N}(x)$ に置き換えても同値であることを確認しなさい．

例題 3.3

位相空間 $(X, \boldsymbol{O})$ の部分集合 $A, B \subset X$ について，次が成り立つ：

(1)　$(A \cup B)^a = A^a \cup B^a$

(2)　$(A \cup B)^d = A^d \cup B^d$

証明　(1)　例題 2.2 (1) の証明と同じであるから，省略する．

(2)　$(A \cup B)^d \supset A^d, (A \cup B)^d \supset B^d$ が成り立つから，$(A \cup B)^d \supset A^d \cup B^d$．次に，逆の包含関係 $(A \cup B)^d \subset A^d \cup B^d$ を証明する．$x \in (A \cup B)^d$ とする．

(イ)　$x \notin A^d$ と仮定すると，$\exists U \in \boldsymbol{No}(x)(U \cap (A - \{x\}) = \varnothing)$ が成り立つ．一方，$x \in (A \cup B)^d$ だから，$U \cap (A \cup B - \{x\}) \neq \varnothing$．ところが，

$$\begin{aligned} U \cap (A \cup B - \{x\}) &= U \cap \{(A - \{x\}) \cup (B - \{x\})\} \\ &= \{U \cap (A - \{x\}\} \cup \{U \cap (B - \{x\}\} \\ &= U \cap (B - \{x\}) \end{aligned}$$

であるから，$U \cap (B - \{x\}) \neq \varnothing$ が成り立つ．よって，$x \in B^d$ である．

(ロ)　$x \notin B^d$ と仮定すると，(イ) と全く同様にして，$x \in A^d$．

(イ), (ロ) より，$x \in A^d \cup B^d$ が結論されるから，$(A \cup B)^d \subset A^d \cup B^d$．◆

次の補題は，部分空間を議論する際によく使われる．

補題 3.1 $(X, \boldsymbol{O})$ を位相空間とし，$A \subset X$ について，$(A, \boldsymbol{O}(A))$ を部分空間とする．部分集合 $M \subset A$ について，次が成り立つ．ただし，M の $(A, \boldsymbol{O}(A))$ における閉包を $\langle M \rangle^a$ で表す：

(1) $\langle M \rangle^a = M^a \cap A$

(2) A が X の閉集合ならば，$\langle M \rangle^a = M^a$.

(3) $M^a \subset A$ ならば，$\langle M \rangle^a = M^a$.

証明 (1)〔$\langle M \rangle^a \subset M^a \cap A$ の証明〕 $\forall x \in \langle M \rangle^a$ について，$U \in \boldsymbol{No}(x)$ とすると，$U \cap A$ は x の A における近傍であるから，$(U \cap A) \cap M \neq \varnothing$ が成り立つ．よって，$U \cap M \neq \varnothing$ である．したがって，$x \in M^a \cap A$ である．

〔$\langle M \rangle^a \supset M^a \cap A$ の証明〕 $\forall x \in M^a \cap A$ に対して，V を x の A における開近傍とすると，相対位相の定義より（例題 3.1 を参照），次が成り立つ：

$$\exists\, U \in \boldsymbol{No}(x)\,(V = U \cap A)$$

したがって，$M \subset A$ だから，

$$V \cap M = (U \cap A) \cap M = U \cap M \neq \varnothing$$

が成り立ち，$x \in \langle M \rangle^a$ が結論される．

(2)〔$\langle M \rangle^a \subset M^a$ の証明〕 上の (1) より，$\langle M \rangle^a = M^a \cap A \subset M^a$ である．

〔$\langle M \rangle^a \supset M^a$ の証明〕 例題 3.3 (1) より，次が成り立つ：

$$\begin{aligned} A^a &= ((M \cap A) \cup A)^a \\ &= (M \cap A)^a \cup A^a \supset (M \cap A)^a \end{aligned}$$

よって，$M \subset A$ で，A が閉集合であること，および上の (1) より，

$$\begin{aligned} \langle M \rangle^a &= M^a \cap A \\ &= M^a \cap A^a \supset (M \cap A)^a \\ &= M^a \end{aligned}$$

(3)〔$\langle M \rangle^a \subset M^a$ の証明〕 上の (1) より，$\langle M \rangle^a = M^a \cap A \subset M^a$ である．

〔$\langle M \rangle^a \supset M^a$ の証明〕 $\forall x \in M^a$ について，$M^a \subset A$ だから，x の A における開近傍 V が存在する．相対位相の定義より，$\exists\, U \in \boldsymbol{O}(U \cap A = V)$ が成り立つ．

また，$x \in M^a$ だから，$U \cap M \neq \varnothing$ である．よって，$M \subset A$ に注意すると，

$$V \cap M = (U \cap A) \cap M = U \cap M \neq \varnothing$$

が得られ，$x \in \langle M \rangle^a$ が結論される． ◆

3.2 位相空間上の連続写像

距離空間の場合に倣って，位相空間上の連続写像を次のように定義する．

$(X, \boldsymbol{O}(X))$，$(Y, \boldsymbol{O}(Y))$ を位相空間とし，$f: X \to Y$ を写像とする．f が点 $a \in X$ で**連続** (continuous) であることを，次が成り立つことと定める：

（∗1）　$\forall U \in \boldsymbol{N}(f(a)), \exists\, V \in \boldsymbol{N}(a)\,(f(V) \subset U)$

この定義は，開近傍を使って，次のように言い換えることができる：

（∗2）　$\forall U \in \boldsymbol{No}(f(a)), \exists\, V \in \boldsymbol{No}(a)\,(f(V) \subset U)$

また，$f(V) \subset U$ は，f による逆像を考えることによって，

（∗3）　$U \in \boldsymbol{N}(f(a)) \quad \Rightarrow \quad f^{-1}(U) \in \boldsymbol{N}(a)$

（∗4）　$U \in \boldsymbol{No}(f(a)) \quad \Rightarrow \quad f^{-1}(U) \in \boldsymbol{No}(a)$

が成り立つ場合と置き換えることができる．

写像 $f: X \to Y$ が X のすべての点で連続であるとき，f は X で（位相 $\boldsymbol{O}(X)$ と $\boldsymbol{O}(Y)$ に関して）**連続**である，あるいは X 上の**連続写像** (continuous map) であるという．また，位相を強調して，この状態を，

$$\text{連続写像}\ f: (X, \boldsymbol{O}(X)) \to (Y, \boldsymbol{O}(Y))$$

のように表現することもある．

定理 2.13 と同じように，連続写像は開集合・閉集合で記述できる．

定理 3.4　$(X, \boldsymbol{O}(X))$，$(Y, \boldsymbol{O}(Y))$ を位相空間とし，$f: X \to Y$ を写像とする．このとき，次の 3 条件は同値である．

(1)　$f: (X, \boldsymbol{O}(X)) \to (Y, \boldsymbol{O}(Y))$ は連続写像である．

(2)　Y の任意の開集合 U について，f による U の逆像 $f^{-1}(U)$ は X の開集合である；$\forall U \in \boldsymbol{O}(Y)\,(f^{-1}(U) \in \boldsymbol{O}(X))$．

(3)　Y の任意の閉集合 F について，f による F の逆像 $f^{-1}(F)$ は X の閉集合である；$\forall F \in \boldsymbol{A}(Y)\,(f^{-1}(F) \in \boldsymbol{A}(X))$．

証明 〔(1)⇒(2) の証明〕 $U \in \boldsymbol{O}(Y)$ に対して，1点 $a \in f^{-1}(U)$ を選ぶと，$f(a) \in U$ であるから，$U \in \boldsymbol{No}(f(a))$ である．(1) より，(∗4) を使うと，$f^{-1}(U) \in \boldsymbol{No}(a)$ となるが，$\boldsymbol{No}(a) \subset \boldsymbol{O}(X)$ であるから，$f^{-1}(U) \in \boldsymbol{O}(X)$ である．

〔(2)⇒(1) の証明〕 任意の点 $a \in X$ と任意の開近傍 $U \in \boldsymbol{No}(f(a))$ について，$U \in \boldsymbol{O}(Y)$ であるから，(2) より $f^{-1}(U) \in \boldsymbol{O}(X)$ である．$a \in f^{-1}(U)$ であるから，$f^{-1}(U) \in \boldsymbol{No}(a)$ が結論され，(∗4) より，f は点 a で連続である．

〔(2)⇒(3) の証明〕 任意の $F \in \boldsymbol{A}(Y)$ について，定理 1.8 (5) より，

$$(f^{-1}(F))^c = f^{-1}(F^c)$$

が成り立つ．$F^c \in \boldsymbol{O}(Y)$ であるから，(2) より，$f^{-1}(F^c) \in \boldsymbol{O}(X)$ である．よって，$(f^{-1}(F))^c \in \boldsymbol{O}(X)$ だから，$f^{-1}(F) \in \boldsymbol{A}(X)$ である．

〔(3)⇒(2) の証明〕 任意の $U \in \boldsymbol{O}(Y)$ について，同じく定理 1.8(5) より，

$$(f^{-1}(U))^c = f^{-1}(U^c)$$

が成り立つ．$U^c \in \boldsymbol{A}(Y)$ であるから，(3) より，$f^{-1}(U^c) \in \boldsymbol{A}(X)$ である．よって，$(f^{-1}(U))^c \in \boldsymbol{A}(X)$ だから，$f^{-1}(U) \in \boldsymbol{O}(X)$ である． ◆

例題 3.4

$(X, \boldsymbol{O}(X))$，$(Y, O(Y))$ を位相空間とし，$A \subset X$ とする．

写像 $f : (X, \boldsymbol{O}(X)) \to (Y, \boldsymbol{O}(Y))$ が連続ならば，制限写像 $f|A : (A, \boldsymbol{O}(A)) \to (Y, \boldsymbol{O}(Y))$ も連続である．ここで，$(A, \boldsymbol{O}(A))$ は例題 3.1 の意味での $(X, \boldsymbol{O}(X))$ の部分位相空間である．

証明 $U \in \boldsymbol{O}(Y)$ について，制限写像の定義から，$(f|A)^{-1}(U) = f^{-1}(U) \cap A$ が成り立つ．f が連続であるから，定理 3.4 (2) より，$f^{-1}(U) \in \boldsymbol{O}(X)$ である．相対位相 $\boldsymbol{O}(A)$ の定義により，$(f|A)^{-1}(U) \in \boldsymbol{O}(A)$ である．したがって，定理 3.4 (2) より，制限写像 $f|A$ も連続である． ◆

問 題

3.9 $(X, d_X), (Y, d_Y)$ を距離空間とし，$\boldsymbol{O}_{d_X}(X), \boldsymbol{O}_{d_Y}(Y)$ をそれぞれ d_X, d_Y によって定まる距離位相とする．写像 $f : X \to Y$ について，次を確かめなさい：

$$f \text{ が } d_X \text{ と } d_Y \text{ に関して連続である}$$
$$\Leftrightarrow \quad f \text{ が } \boldsymbol{O}_{dX}(X) \text{ と } \boldsymbol{O}_{dY}(Y) \text{ に関して連続である}$$

例題 3.5

$(X, \boldsymbol{O}(X))$，$(Y, \boldsymbol{O}(Y))$ を位相空間とし，$A, B \subset X$ を $A \cup B = X$ を満たす部分集合とする．さらに，

$$f_A : (A, \boldsymbol{O}(A)) \to (Y, \boldsymbol{O}(Y)), \quad f_B : (B, \boldsymbol{O}(B)) \to (Y, \boldsymbol{O}(Y))$$

を連続写像で，$f_A|A \cap B = f_B|A \cap B$ を満たすとする．

$A, B \in \boldsymbol{O}(X)$ ならば，f_A と f_B の共通の拡張 $f : X \to Y$ も連続である．

証明 f_A, f_B は連続写像であるから，定理 3.4 (2) より，$U \in \boldsymbol{O}(Y)$ について，

$$f_A^{-1}(U) = f^{-1}(U) \cap A \in \boldsymbol{O}(A), \quad f_B^{-1}(U) = f^{-1}(U) \cap B \in \boldsymbol{O}(B)$$

が成り立つ．相対位相の定義より，$V, W \in \boldsymbol{O}(X)$ が存在して，

$$f_A^{-1}(U) = V \cap A, \quad f_B^{-1}(U) = W \cap B$$

となる．いま，$A, B \in \boldsymbol{O}(X)$ だから，$V \cap A \in \boldsymbol{O}(X)$，$W \cap B \in \boldsymbol{O}(X)$ である．したがって，$f^{-1}(U) = f_A^{-1}(U) \cup f_B^{-1}(U) \in \boldsymbol{O}(X)$ が結論されるので，定理 3.4 (2) により，f は連続写像である． ◆

問　題

3.10 例題 3.5 において,「$A, B \in \boldsymbol{O}(X)$ ならば」を,「$A, B \in \boldsymbol{A}(X)$ ならば」と置き換えても，f_A と f_B の共通の拡張 $f : X \to Y$ は連続であることを証明しなさい．

3.11 $(X, \boldsymbol{O}(X))$ を位相空間とする．部分集合 $A \subset X$ について，

包含写像 $i : A \to X$

は，相対位相 $\boldsymbol{O}(A)$ と $\boldsymbol{O}(X)$ に関して連続であることを証明しなさい．

定理 3.5 $(X, \boldsymbol{O}(X))$，$(Y, \boldsymbol{O}(Y))$，$(Z, \boldsymbol{O}(Z))$ を位相空間とする．写像

$$f : (X, \boldsymbol{O}(X)) \to (Y, \boldsymbol{O}(Y)), \quad g : (Y, \boldsymbol{O}(Y)) \to (Z, \boldsymbol{O}(Z))$$

が連続ならば，合成写像 $g \circ f : (X, \boldsymbol{O}(X)) \to (Z, \boldsymbol{O}(Z))$ も連続である．

証明 任意の $U \in \boldsymbol{O}(Z)$ について，g が連続だから，定理 3.4 (2) により，$g^{-1}(U) \in \boldsymbol{O}(Y)$ である．f も連続だから，再び定理 3.4 (2) により，$f^{-1}(g^{-1}(U)) = (g \circ f)^{-1}(U) \in \boldsymbol{O}(X)$ が成り立つ．よって，定理 3.4 により，$g \circ f$ は連続である． ◆

開写像・閉写像・同相写像 $(X, \boldsymbol{O}(X))$, $(Y, \boldsymbol{O}(Y))$ を位相空間とする．写像 $f : X \to Y$ に対して次の用語を導入する．

(1) f が開写像 (open map)

$\equiv \forall V \in \boldsymbol{O}(X)(f(V) \in \boldsymbol{O}(Y))$

(2) f が閉写像 (closed map)

$\equiv \forall F \in \boldsymbol{A}(X)(f(F) \in \boldsymbol{A}(Y))$

(3) f が埋め込み (埋蔵；embedding)

$\equiv f$ が単射で連続，かつ $f^{-1} : f(X) \to X$ が連続．

ただし，$f(X)$ の位相は $\boldsymbol{O}(Y)$ の相対位相．

(4) f が同相写像（同位相写像，位相写像；homeomorphism)

$\equiv f$ が埋め込みで全射

$\Leftrightarrow f$ が全単射で連続，かつ逆写像 $f^{-1} : Y \to X$ が連続

$\Leftrightarrow f$ が全単射で連続かつ開写像（または閉写像）.

同相写像 $f : (X, \boldsymbol{O}(X)) \to (Y, \boldsymbol{O}(Y))$ が存在するとき，$(X, \boldsymbol{O}(X))$ と $(Y, \boldsymbol{O}(Y))$ は同相 (位相同型；homeomorphic) であるという．

問　題

3.12 位相空間の集合において，同相であるという関係は同値関係であることを証明しなさい．

3.13 $\mathbb{R}^1$ を1次元ユークリッド空間（i.e. 実数直線 $\mathbb{R}^1$ に通常の位相を与えたもの）とし，$\mathbb{R}^1$ の部分集合には相対位相を与える．$a < b$, $c < d$ のとき，次のことを証明しなさい．

(1) 開区間 (a, b) と (c, d) は同相である．

(2) 閉区間 $[a, b]$ と $[c, d]$ は同相である．

(3) 半開区間 $(a, b], (c, d], [a, b)$ は互いに同相である．

(4) 開区間 (a, b) と $\mathbb{R}^1$ は同相である．

(5) 半開区間 $(a, b], (-\infty, 0], [0, \infty)$ は互いに同相である．

3.3　開基・可算公理

開　基　$(X, \boldsymbol{O})$ を位相空間とする．部分集合族 $\boldsymbol{B} \subset \boldsymbol{O}$ が位相 $\boldsymbol{O}$ の開基 (open base) であるとは，任意の $U \in \boldsymbol{O}$ が $\boldsymbol{B}$ の要素の和集合として表される場合をいう；

$$\forall U \in \boldsymbol{O}, \quad \exists\, \boldsymbol{Bo} \subset \boldsymbol{B} \left(U = \bigcup \boldsymbol{Bo} \right)$$

これから示すように，開基 $\boldsymbol{B}$ は位相 $\boldsymbol{O}$ のエッセンスのようなものである．開基は，次のように述べることもできる：

命題 3.2　$(X, \boldsymbol{O})$ を位相空間とする．部分集合族 $\boldsymbol{B} \subset \boldsymbol{O}$ が $\boldsymbol{O}$ の開基であることと，次の命題（$*$）が成り立つことは同値である：

（$*$）　$\forall U \in \boldsymbol{O}, \forall x \in U, \exists\, W \in \boldsymbol{B}\ (x \in W \subset U)$

証明　$\boldsymbol{B} \subset \boldsymbol{O}$ が開基であるとすると，

$$\forall x \in U \in \boldsymbol{O}, \quad \exists\, \boldsymbol{Bo} \subset \boldsymbol{B} \left(U = \bigcup \boldsymbol{Bo} \right)$$

が成り立つ．すると，$W \in \boldsymbol{Bo}$ が存在して，$x \in W$ となる．

逆に命題（$*$）が成り立つとする．$U \in \boldsymbol{O}$ の任意の点 x に対して，（$*$）より

$$\exists\, W_x \in \boldsymbol{B}\ (x \in W_x \subset U)$$

が成り立つから，$U = \bigcup_{x \in U} W_x$ と表すことができる．◆

例 3.4　(1)　距離空間 (X, d) における開球体全体の集合 $\boldsymbol{B}$ は，d によって定まる X 上の距離位相 $\boldsymbol{O}_d$ の 1 つの開基である．

(2)　離散空間 $(X, 2^X)$ において，$B = \{\{x\} | x \in X\}$ は離散位相 2^X の 1 つの開基である．

問　題

3.14　$(X, \boldsymbol{O}(X))$，$(Y, \boldsymbol{O}(Y))$ を位相空間，$\boldsymbol{B}^*$ を位相 $\boldsymbol{O}(Y)$ の開基とする．また，$f : X \to Y$ を写像とする．次が成り立つことを証明しなさい．

f が $\boldsymbol{O}(X)$ と $\boldsymbol{O}(Y)$ に関して連続　$\Leftrightarrow$　$\forall U \in \boldsymbol{B}^*\ (f^{-1}(U) \in \boldsymbol{O}(X))$

集合 $X \neq \varnothing$ の上には，いろいろな位相を導入することができることを知っている．$\boldsymbol{O}_1, \boldsymbol{O}_2$ を集合 X 上の位相とする．X の巾集合 2^X の部分集合族として，$\boldsymbol{O}_1 \subset \boldsymbol{O}_2$ であるとき，位相 $\boldsymbol{O}_1$ は位相 $\boldsymbol{O}_2$ より**粗い**（または，**小さい**，**弱い**）といい，位相 $\boldsymbol{O}_2$ は位相 $\boldsymbol{O}_1$ より**細かい**（または，**大きい**，**強い**）という．どんな集合 X においても，離散位相はもっとも細かい位相であり，密着位相はもっとも粗い位相である．

★ X の巾集合 2^X の巾集合 2^{2^X}，つまり 2^X の部分集合族全体は包含関係 $\subset$ によって半順序集合となる．2^{2^X} の要素の中で位相の公理 [O1]，[O2]，[O3] を満たすものの全体，つまり X 上の位相の全体は，この部分集合として半順序集合となり，最大元（離散位相）と最小元（密着位相）が 1 つずつ存在する．

例 3.5　例 3.3 で示した集合 $X = \{1, 2\}$ の 4 つの位相について，それらの強弱は次のようになる：

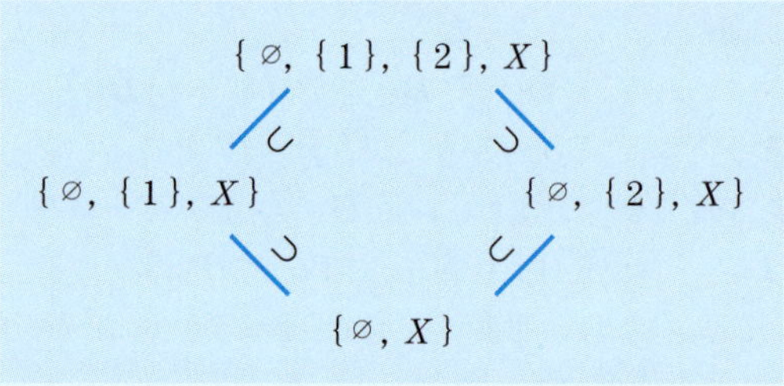

ここで，上の位相の方が下の位相より強いことを表す．また $\{\phi, \{1\}, X\}$ と $\{\phi, \{2\}, X\}$ の間には強弱の関係はないことを表す．

命題 3.3　$\boldsymbol{O}$，$\boldsymbol{O}'$ を集合 $X \neq \varnothing$ 上の位相とする．次が成り立つ：

$$\boldsymbol{O} \subset \boldsymbol{O}' \quad \Leftrightarrow \quad \text{恒等写像 } I_X : (X, \boldsymbol{O}') \to (X, \boldsymbol{O}) \text{ が連続}$$

証明　〔$\Rightarrow$ の証明〕 任意の $U \in \boldsymbol{O}$ について，$I_X{}^{-1}(U) = U \in \boldsymbol{O}'$ だから，定理 3.4 により，恒等写像 I_X は連続である．

〔$\Leftarrow$ の証明〕 I_X が連続ならば，任意の $U \in \boldsymbol{O}$ について，$I_X{}^{-1}(U) = U \in \boldsymbol{O}'$ だから，$\boldsymbol{O} \subset \boldsymbol{O}'$ が成り立つ．◆

命題 3.4 $\boldsymbol{O}, \boldsymbol{O}'$ を集合 $X \neq \varnothing$ 上の位相とし，$\boldsymbol{B} \subset \boldsymbol{O}, \boldsymbol{B}' \subset \boldsymbol{O}'$ をそれぞれ開基とする．次の命題（$**$）が成り立つならば，$\boldsymbol{O} \subset \boldsymbol{O}'$ である：

（$**$） $\forall U \in \boldsymbol{B},\ \forall x \in U,\ \exists\, V \in \boldsymbol{B}'\ (x \in V \subset U)$

証明 任意の $O \in \boldsymbol{O}$ に対して，命題 3.2 から，

$$\forall x \in O, \exists\, U_x \in \boldsymbol{B}\ (x \in U_x \subset O)$$

が成り立つ．条件（$**$）より，この $U_x \in \boldsymbol{B}$ に対して，次が成り立つ：

$$\exists\, V_x \in \boldsymbol{B}'\ (x \in V_x \subset U_x)$$

よって，$O = \bigcup_{x \in O} V_x$ が成り立ち，$O \in \boldsymbol{O}'$ が結論される． ◆

定理 3.6 集合 $X \neq \varnothing$ の部分集合族 $\boldsymbol{B} \subset 2^X$ が次の条件を満たすとする：

(1) $\forall x \in X, \exists\, U \in \boldsymbol{B}\ (x \in U)$

(2) $\forall U \in \boldsymbol{B}, \forall V \in \boldsymbol{B}, \forall x \in U \cap V, \exists\, W \in \boldsymbol{B}\ (x \in W \subset U \cap V)$

このとき，$\boldsymbol{B}$ を開基とする X 上の位相 $\boldsymbol{O}(\boldsymbol{B})$ がただ 1 つ存在する．

証明 $\boldsymbol{O}(\boldsymbol{B})$ を，$\boldsymbol{B}$ の部分集合族の和集合と空集合 $\varnothing$ から成る X の部分集合族とする．$\boldsymbol{O}(\boldsymbol{B})$ が位相の公理を満たすことを証明する．

[O1] $\varnothing \in \boldsymbol{O}(\boldsymbol{B})$ は定義による．(1) より，

$$\forall x \in X, \exists\, U_x \in \boldsymbol{B}\ (x \in U_x \subset X)$$

が成り立つので，$X = \bigcup_{x \in X} U_x \in \boldsymbol{O}(\boldsymbol{B})$ である．

[O2] $U \in \boldsymbol{O}(\boldsymbol{B}), V \in \boldsymbol{O}(\boldsymbol{B})$ とすると，$\boldsymbol{O}(\boldsymbol{B})$ の決め方から，次が成り立つ：

$$\exists\, \boldsymbol{B}_U = \{U_\lambda \in \boldsymbol{B} \mid \lambda \in \Lambda\}\ (U = \bigcup \boldsymbol{B}_U = \bigcup_{\lambda \in \Lambda} U_\lambda)$$

$$\exists\, \boldsymbol{B}_V = \{V_\mu \in \boldsymbol{B} \mid \mu \in M\}\ (V = \bigcup_{\mu \in M} \boldsymbol{B}_V = \bigcup V_\mu)$$

よって，$U \cap V = \left(\bigcup_{\lambda \in \Lambda} U_\lambda \right) \cap \left(\bigcup_{\mu \in M} V_\mu \right) = \bigcup_{\lambda \in \Lambda, \mu \in M} (U_\lambda \cap V_\mu)$ である．条件 (2) より，

$$\forall x \in U_\lambda \cap V_\mu,\ \exists\, W_x \in \boldsymbol{B}\ (x \in W_x \subset U_\lambda \cap V_\mu)$$

が成り立つ．よって，$U_\lambda \cap V_\mu = \bigcup_{x \in U_\lambda \cap V_\mu} W_x$ であるから，$U \cap V \in \boldsymbol{O}(\boldsymbol{B})$ である．

[O3] $\{U_\lambda \in \boldsymbol{O}(\boldsymbol{B}) \mid \lambda \in \Lambda\}$ について，$\bigcup_{\lambda \in \Lambda} U_\lambda \in \boldsymbol{O}(\boldsymbol{B})$ は明らかである． ◆

基本近傍系 $(X, \boldsymbol{O})$ を位相空間とする．点 $x \in X$ の近傍系 $N(x)$ の部分集合族 $\boldsymbol{N}^*(x)$ が次の命題を満たすとき，$\boldsymbol{N}^*(x)$ を $\boldsymbol{N}(x)$ の（または，点 x の）基本近傍系 (fundamental system of neighborhoods) という：

$$\forall U \in \boldsymbol{N}(x), \exists\, V \in \boldsymbol{N}^*(x)\,(x \in V \subset U)$$

基本近傍系 $\boldsymbol{N}^*(x)$ は近傍系 $\boldsymbol{N}(x)$ のエッセンスのようなものである．

例 3.6 位相空間 $(X, \boldsymbol{O})$ の任意の点 x について，開近傍系 $\boldsymbol{No}(x)$ は $\boldsymbol{N}(x)$ の基本近傍系である．実際，任意の $U \in \boldsymbol{N}(x)$ について，$V = U^i \in \boldsymbol{No}(x)$ が成り立つからである．

例 3.7 (X, d) を距離空間とし，$\boldsymbol{O}_d$ を d によって定まる距離位相とする．位相空間 $(X, \boldsymbol{O}_d)$ において，

$$\boldsymbol{N}^*(x) = \{N(x; 1/n) | n \in \mathbb{N}\}$$

は点 $x \in X$ の基本近傍系である．実際，任意の $N \in \boldsymbol{N}(x)$ に対して，開近傍 $U \in \boldsymbol{No}(x)$ が存在して，$U \subset N$ となるから，$\varepsilon > 0$ が存在して，$N(x; \varepsilon) \subset U$ となる．そこで，$1/n < \varepsilon$ となるように $n \in N$ を選ぶと，$N(x; 1/n) \subset U \subset N$ である．また，閉球体の族 $\{D(x; 1/n) | n \in \mathbb{N}\}$ も x の基本近傍系である．

問　題

3.15 $(X, \boldsymbol{O}(X))$，$(Y, \boldsymbol{O}(Y))$ を位相空間とし，$f : X \to Y$ を写像とする．点 $x \in X$ について，$\boldsymbol{N}^*(f(x))$ を Y における点 $f(x)$ の基本近傍系とする．次が成り立つことを証明しなさい：

$$f \text{ が点 } x \in X \text{ で連続}$$
$$\Leftrightarrow \quad \forall U \in \boldsymbol{N}^*(f(x)),\ \exists\, V \in \boldsymbol{N}^*(x)\,(f(V) \subset U)$$

3.16 $(X, \boldsymbol{O})$ を位相空間とし，$\boldsymbol{B} \subset \boldsymbol{O}$ を開基とする．任意の点 $x \in X$ について，

$$\boldsymbol{N}^*(x) = \{U \in \boldsymbol{B} | U \ni x\}$$

は x の基本近傍系であることを証明しなさい．

可算公理 $(X, \boldsymbol{O})$ を位相空間とする．

(1) $\boldsymbol{O}$ の開基 $\boldsymbol{B}$ で，可算個の要素から成るものが存在するとき，$(X, \boldsymbol{O})$ は**第 2 可算公理** (second axiom of countability) を満たすという．
(2) 任意の点 $x \in X$ において，基本近傍系 $\boldsymbol{N}^*(x)$ で，可算個の要素から成るものが存在するとき，$(X, \boldsymbol{O})$ は**第 1 可算公理** (first axiom of countability) を満たすという．

例 3.8 前ページの例 3.7 は，距離位相をもつ位相空間 $(X, \boldsymbol{O}_d)$ は第 1 可算公理を満たすことを示している．

例題 3.6

位相空間 $(X, \boldsymbol{O})$ が第 2 可算公理を満たすならば，第 1 可算公理も満たす．

証明 仮定から，可算個の要素から成る開基 $\boldsymbol{B} \subset \boldsymbol{O}$ が存在する．問題 3.16 より，

$$\boldsymbol{N}^*(x) = \{U \in \boldsymbol{B} | U \ni x\}$$

は x の基本近傍系で可算個の要素から成る． ◆

$(X, \boldsymbol{O})$ を位相空間とする．

部分集合 $A \subset X$ について，$A^a = X$ が成り立つとき，A は X で**稠密** (dense) であるという．

稠密な高々可算部分集合 $B \subset X$ が存在するとき，$(X, \boldsymbol{O})$ は**可分** (separable) であるという．

問 題

3.17 $(X, \boldsymbol{O})$ を位相空間とし，$A \subset X, A \neq \varnothing$，とする．次を証明しなさい：

$$A \subset X \text{ が稠密である} \quad \Leftrightarrow \quad \forall U \in \boldsymbol{O}\,(U \neq \varnothing \Rightarrow U \cap A \neq \varnothing)$$

ヒント 閉包の定義にもどるとよい．

問 題

3.18 実数全体 $\mathbb{R}^1$（1 次元ユークリッド空間）では，有理数全体 $\mathbb{Q}$ は稠密で，可算集合であることを認める（定理 1.12）．n 次元ユークリッド空間 $(\mathbb{R}^n, \boldsymbol{O})$ の有理点全体 $\mathbb{Q}^n$（すべての座標が有理数であるような点全体）は $(\mathbb{R}^n, \boldsymbol{O})$ において稠密であること（したがって，$(\mathbb{R}^n, \boldsymbol{O})$ は可分）を証明しなさい．

例題 3.7

位相空間 $(X, \boldsymbol{O})$ が第 2 可算公理を満たすならば，可分である．

証明 仮定から，可算個の要素から成る開基 $\boldsymbol{B} = \{U_i \,|\, i \in \mathbb{N}\}$ が存在する．各 U_i から 1 点 b_i を選ぶと，$B = \{b_i \,|\, i \in \mathbb{N}\}$ は可算集合である．任意の点 $x \in X$ とその任意の開近傍 U に対して，命題 3.2 より，$U_k \in \boldsymbol{B}$ が存在して，$x \in U_k \subset U$ となる．よって，$b_k \in U \cap B$ となるから，$x \in B^a$ である；$B^a = X$. ◆

例題 3.8

位相空間 $(X, \boldsymbol{O})$ が可分で，位相 $\boldsymbol{O}$ が距離化可能ならば，$(X, \boldsymbol{O})$ は第 2 可算公理を満たす．

証明 仮定から，稠密な高々可算集合 $B \subset X$ が存在する．また，$d : X \times X \to \mathbb{R}$ を X 上の距離関数で，$\boldsymbol{O}_d = \boldsymbol{O}$ を満たすものとする．距離位相 $\boldsymbol{O}_d$ の 1 つの開基として，開球体全体の集合 $\boldsymbol{B} = \{N(x;\varepsilon) \,|\, x \in X, \varepsilon \in \mathbb{R}, \varepsilon > 0\}$ を挙げた（例 3.4 (1)）．そこで，

$$\boldsymbol{B}_Q = \{N(q;r) \,|\, q \in B, r \in \mathbb{Q}, r > 0\}$$

とおく．$\boldsymbol{B}_Q$ は可算集合の可算個の和であるから可算集合である．そこで，$\boldsymbol{B}_Q$ が $\boldsymbol{O}_d$ の開基であることを証明すれば十分である．これには，開基の定義から，命題

$$(※) \qquad \forall N(x;\varepsilon) \in \boldsymbol{B}, \exists\, N(q;r) \in \boldsymbol{B}_Q \ (x \in N(q;r) \subset N(x;\varepsilon))$$

が成り立つことを示せば十分である．B が稠密であるから，$N(x;\varepsilon/2) \cap B \neq \varnothing$ であり，点 $q \in N(x;\varepsilon/2) \cap B$ を選ぶことができる．有理数の稠密性から，有理数 r を，$d(x,q) < r < \varepsilon/2$ となるように選ぶことができる．このとき，

$$x \in N(q;r) \subset N(x;\varepsilon), \quad N(q;r) \in \boldsymbol{B}_Q$$

であるから，命題 (※) が成り立つことになる． ◆

直積空間　$(X_1, \boldsymbol{O}_1)$，$(X_2, \boldsymbol{O}_2)$ を位相空間とする．直積集合 $X_1 \times X_2$ の部分集合族

$$\boldsymbol{B}^{\times} = \{U \times V \,|\, U \in \boldsymbol{O}_1, V \in \boldsymbol{O}_2\}$$

を開基とする $X_1 \times X_2$ 上の位相を $\boldsymbol{O}_1 \times \boldsymbol{O}_2$ で表し，$\boldsymbol{O}_1$ と $\boldsymbol{O}_2$ の**直積位相** (product topology) という．また，位相空間 $(X_1 \times X_2, \boldsymbol{O}_1 \times \boldsymbol{O}_2)$ を，$(X_1, \boldsymbol{O}_1)$ と $(X_2, \boldsymbol{O}_2)$ の**直積空間** (product space) という．

問　題

3.19　上の定義における部分集合族 $\boldsymbol{B}^{\times} \subset 2^{X_1 \times X_2}$ は，定理 3.6 の条件 (1)，(2) を満たすことを確かめなさい．

ヒント　例題 3.9 の証明を参考にするとよい．

定理 3.7　位相空間 $(X_1, \boldsymbol{O}_1)$，$(X_2, \boldsymbol{O}_2)$ の直積空間 $(X_1 \times X_2, \boldsymbol{O}_1 \times \boldsymbol{O}_2)$ に関して，次が成り立つ：

(1)　射影

$$p_1 : X_1 \times X_2 \to X_1, p_1(x_1, x_2) = x_1$$
$$p_2 : X_1 \times X_2 \to X_2, p_2(x_1, x_2) = x_2$$

は連続写像である．

(2)　射影 p_1, p_2 は開写像である．

証明　(1)　任意の $U \in \boldsymbol{O}_1$ について，

$$p_1{}^{-1}(U) = U \times X_2 \in \boldsymbol{O}_1 \times \boldsymbol{O}_2$$

であるから，p_1 は連続である．p_2 についても同様である．

(2)　$W \in \boldsymbol{O}_1 \times \boldsymbol{O}_2$ とする．任意の点 $x_1 \in p_1(W)$ に対して，点 $(x_1, x_2) \in W$ を選ぶ．開基の定義から，$U \in \boldsymbol{O}_1$ と $V \in \boldsymbol{O}_2$ が存在して，

$$(x_1, x_2) \in U \times V \in \boldsymbol{B}^{\times} \subset \boldsymbol{O}_1 \times \boldsymbol{O}_2$$

を満たす．このとき，

$$x_1 = p_1(x_1, x_2) \in p_1(U \times V) = U \subset p_1(W)$$

となるから，x_1 は $p_1(W)$ の内点である．$p_1(W)$ の任意の点がその内点であるから，$p_1(W) \in \boldsymbol{O}_1$ である．よって，p_1 は開写像である．

p_2 についても同様である．◆

例 3.9 上の定理 3.7 (1) の射影は，必ずしも閉写像にはならない．実際，2つの1次元ユークリッド空間 $(\mathbb{R}^1, \boldsymbol{O}_1)$ の直積空間 $(\mathbb{R}^2, \boldsymbol{O}_2)$ からの射影

$$p_1 : (\mathbb{R}^2, \boldsymbol{O}_2) \to (\mathbb{R}^1, \boldsymbol{O}_1),\ p_1(x, y) = x$$

$$p_2 : (\mathbb{R}^2, \boldsymbol{O}_2) \to (\mathbb{R}^1, \boldsymbol{O}_1),\ p_2(x, y) = y$$

はともに閉写像ではない．例えば，

$$H = \{(x, y) \in \mathbb{R}^2 \,|\, xy = 1\} \subset \mathbb{R}^2$$

は直積空間 $\mathbb{R}^2$ の閉集合であるが，$p_1(H) = \mathbb{R}^1 - \{0\}, p_2(H) = \mathbb{R}^1 - \{0\}$ となり，これらは $(\mathbb{R}^1, \boldsymbol{O}_1)$ の閉集合ではない（開集合である）．

定理 3.8 $(X, \boldsymbol{O}), (X_1, \boldsymbol{O}(X_1)), (X_2, \boldsymbol{O}(X_2)), (Y_1, \boldsymbol{O}(Y_1)), (Y_2, \boldsymbol{O}(Y_2))$ を位相空間とする．次が成り立つ：

(1) 写像 $f : (X, \boldsymbol{O}) \to (X_1 \times X_2, \boldsymbol{O}(X_1) \times \boldsymbol{O}(X_2))$ が連続写像
$\Leftrightarrow$ 写像 $p_1 \circ f : (X, \boldsymbol{O}) \to (X_1, \boldsymbol{O}(X_1)),\ p_2 \circ f : (X, \boldsymbol{O}) \to (X_2, \boldsymbol{O}(X_2))$ がともに連続写像．

(2) 写像 $f_1 : (X_1, \boldsymbol{O}(X_1)) \to (Y_1, \boldsymbol{O}(Y_1)),\ f_2 : (X_2, \boldsymbol{O}(X_2)) \to (Y_2, \boldsymbol{O}(Y_2))$ がともに連続写像
$\Rightarrow$ $f_1 \times f_2 : (X_1 \times X_2, \boldsymbol{O}(X_1) \times \boldsymbol{O}(X_2)) \to (Y_1 \times Y_2, \boldsymbol{O}(Y_1) \times \boldsymbol{O}(Y_2))$;

$$(f_1 \times f_2)(x_1, x_2) = (f_1(x_1), f_2(x_2)),\ (x_1, x_2) \in X_1 \times X_2,$$

も連続写像．

証明 (1)〔$\Rightarrow$ の証明〕 定理 3.5 と上の定理 3.7 より，直ちに示される．
〔$\Leftarrow$ の証明〕 直積位相 $\boldsymbol{O}(X_1) \times \boldsymbol{O}(X_2)$ の開基の任意の要素 $U \times V \in \boldsymbol{B}^{\times}$ について，

$$\begin{aligned} f^{-1}(U \times V) &= f^{-1}((U \times X_2) \cap (X_1 \times V)) \\ &= f^{-1}({p_1}^{-1}(U) \cap {p_2}^{-1}(V)) \\ &= f^{-1}({p_1}^{-1}(U)) \cap f^{-1}({p_2}^{-1}(V)) \\ &= (p_1 \circ f)^{-1}(U) \cap (p_2 \circ f)^{-1}(V) \end{aligned}$$

である．また，$p_1 \circ f$ と $p_2 \circ f$ が連続であるから，$(p_1 \circ f)^{-1}(U) \in \boldsymbol{O}, (p_2 \circ f)^{-1}(V) \in \boldsymbol{O}$ が成り立つ．よって，$f^{-1}(U \times V) \in \boldsymbol{O}$ である．問題 3.14 より，f は連続である．

(2) $$q_1 : Y_1 \times Y_2 \to Y_1, \quad q_2 : Y_1 \times Y_2 \to Y_2$$
を射影とすると，
$$q_1 \circ (f_1 \times f_2) = f_1 \circ p_1, \quad q_2 \circ (f_1 \times f_2) = f_2 \circ p_2$$
が成り立つ．$f_1 \circ p_1$，$f_2 \circ p_2$ は連続写像であるから，上の (1) より，$f_1 \times f_2$ も連続写像である． ◆

★ 上の定理 3.8 (2) の写像 $f_1 \times f_2$ を f_1 と f_2 の**積写像**ということがある．

定理 3.9 位相空間 $(X_1, \boldsymbol{O}_1)$，$(X_2, \boldsymbol{O}_2)$ の直積空間 $(X_1 \times X_2, \boldsymbol{O}_1 \times \boldsymbol{O}_2)$ の直積位相 $\boldsymbol{O}_1 \times \boldsymbol{O}_2$ は，射影 $p_1 : X_1 \times X_2 \to X_1$，$p_2 : X_1 \times X_2 \to X_2$ を連続写像にするような $X_1 \times X_2$ 上の位相のなかで，もっとも粗い位相である．

証明 直積集合 $X_1 \times X_2$ 上のある位相 $\boldsymbol{O}$ と X_1 上の位相 $\boldsymbol{O}_1$ に関して，射影 $p_1 : X_1 \times X_2 \to X_1$ が連続であるとする．定理 3.8 (1) より，恒等写像
$$I_{X_1 \times X_2} : (X_1 \times X_2, \boldsymbol{O}) \to (X_1 \times X_2, \boldsymbol{O}_1 \times \boldsymbol{O}_2)$$
は連続写像である．よって，命題 3.3 より，$\boldsymbol{O}_1 \times \boldsymbol{O}_2 \subset \boldsymbol{O}$ である． ◆

例題 3.9

位相空間 $(X_1, \boldsymbol{O}_1), (X_2, \boldsymbol{O}_2)$ の直積空間 $(X_1 \times X_2, \boldsymbol{O}_1 \times \boldsymbol{O}_2)$ において，次が成り立つ：
$$A_1 \subset X_1, A_2 \subset X_2 \Rightarrow (A_1 \times A_2)^a = A_1^a \times A_2^a$$

証明 〔$(A_1 \times A_2)^a \supset A_1^a \times A_2^a$ の証明〕 $\forall (x_1, x_2) \in A_1^a \times A_2^a$ とその任意の近傍 W に対して，次が成り立つ：
$$\exists\, U_1 \in \boldsymbol{O}_1, \exists\, U_2 \in \boldsymbol{O}_2((x_1, x_2) \in U_1 \times U_2 \subset W)$$
$x_1 \in A_1^a, x_2 \in A_2^a$ より，$U_1 \cap A_1 \neq \varnothing, U_2 \cap A_2 \neq \varnothing$ であるから，
$$(U_1 \times U_2) \cap (A_1 \times A_2) \neq \varnothing \quad \therefore \quad W \cap (A_1 \times A_2) \neq \varnothing$$
よって，$(x_1, x_2) \in (A_1 \times A_2)^a$ である．

〔$(A_1 \times A_2)^a \subset A_1^a \times A_2^a$ の証明〕 $(x_1, x_2) \in (A_1 \times A_2)^a$ とする．x_1 の任意の近傍 $W_1 \subset X_1$ について，$W_1 \times X_2$ は点 (x_1, x_2) の近傍であるから，
$$(W_1 \times X_2) \cap (A_1 \times A_2) \neq \varnothing \quad \therefore \quad W_1 \cap A_1 \neq \varnothing \quad \therefore \quad x_1 \in A_1^a$$
まったく同様にして，$x_2 \in A_2^a$ が得られるから，$(x_1, x_2) \in A_1^a \times A_2^a$ である． ◆

系 3.1 位相空間 $(X_1, \boldsymbol{O}_1), (X_2, \boldsymbol{O}_2)$ において，$F_1 \subset X_1, F_2 \subset X_2$ が閉集合ならば，$F_1 \times F_2$ は直積空間 $(X_1 \times X_2, \boldsymbol{O}_1 \times \boldsymbol{O}_2)$ において閉集合である． ◆

問題

3.20 位相空間 $(X_1, \boldsymbol{O}_1), (X_2, \boldsymbol{O}_2)$ の直積空間 $(X_1 \times X_2, \boldsymbol{O}_1 \times \boldsymbol{O}_2)$ において，次が成り立つ：

$$A_1 \subset X_1, A_2 \subset X_2 \quad \Rightarrow \quad (A_1 \times A_2)^i = A_1^i \times A_2^i$$

ヒント 例題 3.9 の証明を参考にするとよい．

例題 3.10

$(X, d_X), (Y, d_Y)$ を距離空間とし，$\boldsymbol{O}(X), \boldsymbol{O}(Y)$ を，それぞれ，d_X, d_Y によって定まる X, Y 上の位相とする．次が成り立つ：

(1) $d : X \times Y \to \mathbb{R}^1$ を例 2.10 で示した（直積）距離関数とするとき，d によって定まる $X \times Y$ 上の距離位相 $\boldsymbol{O}_d$ は直積位相 $\boldsymbol{O}(X) \times \boldsymbol{O}(Y)$ と一致する．

(2) $d_2 : X \times Y \to \mathbb{R}^1$ を，問題 2.4 (2) で示した $X \times Y$ 上の距離関数とするとき，d_2 によって定まる $X \times Y$ 上の距離位相 $\boldsymbol{O}_2$ は直積位相 $\boldsymbol{O}(X) \times \boldsymbol{O}(Y)$ と一致する．

証明 (1) 点 $(x, y) \in X \times Y$ について，点 x の X における ε-近傍を $N_X(x; \varepsilon)$，点 y の Y における ε-近傍を $N_Y(y; \varepsilon)$，(x, y) の $X \times Y$ における ε-近傍を $N((x, y); \varepsilon)$ で表すことにすると，

$$\begin{aligned} N_X(x; \varepsilon/\sqrt{2}) \times N_Y(y; \varepsilon/\sqrt{2}) &\subset N((x, y); \varepsilon) \\ &\subset N_X(x; \varepsilon) \times N_Y(y; \varepsilon) \\ &\subset N((x, y); \sqrt{2}\varepsilon) \end{aligned}$$

が成り立つ．直積位相の定義と，距離位相の定義を基に，命題 3.4 を適用することにより，

$$O(X) \times \boldsymbol{O}(Y) \subset \boldsymbol{O}_d \quad と \quad \boldsymbol{O}(X) \times \boldsymbol{O}(Y) \supset \boldsymbol{O}_d$$

が証明される．

(2)（例 2.11 の図を参照されたい.）上の (1) と同じ表し方をすると，点 $(x,y) \in X \times Y$ について，

$$N_X(x;\varepsilon/2) \times N_Y(y;\varepsilon/2) \subset N((x,y);\varepsilon) \subset N_X(x,\varepsilon) \times N_Y(y;\varepsilon) \subset N((x,y);2\varepsilon)$$

が成り立つから，(1) と同じようにして，$\boldsymbol{O}(X) \times \boldsymbol{O}(Y) = \boldsymbol{O}_2$ が結論される. ◆

問　題

3.21　(X,d) を距離空間とし，d によって定まる X 上の位相を $\boldsymbol{O}$ とする. 距離関数 $d: X \times X \to \mathbb{R}^1$ は直積空間 $(X \times X, \boldsymbol{O} \times \boldsymbol{O})$ から 1 次元ユークリッド空間 $(\mathbb{R}^1, \boldsymbol{O}_1)$ への連続写像であることを証明しなさい.

ヒント　例題 3.10 を基に，$X \times Y$ 上では距離を使う方が楽である.

n 個の位相空間

$$(X_1, \boldsymbol{O}_1),\ (X_2, O_2),\ \cdots,\ (X_n, \boldsymbol{O}_n)$$

についても，2 つの位相空間の場合と同様に，直積集合 $X_1 \times X_2 \times \cdots \times X_n$ の部分集合族

$$B^\times = \{U_1 \times U_2 \times \cdots \times U_n | U_i \in \boldsymbol{O}_i\ (i = 1, 2, \cdots, n)\}$$

を開基とする $X_1 \times X_2 \times \cdots \times X_n$ 上の位相を

$$\boldsymbol{O}_1 \times \boldsymbol{O}_2 \times \cdots \times \boldsymbol{O}_n$$

で表し，$\boldsymbol{O}_1, \boldsymbol{O}_2, \cdots, \boldsymbol{O}_n$ の**直積位相** (product topology) といい，位相空間

$$(X_1 \times X_2 \times \cdots \times X_n, \boldsymbol{O}_1 \times \boldsymbol{O}_2 \times \cdots \times \boldsymbol{O}_n)$$

を $(X_1, \boldsymbol{O}_1)$，$(X_2, \boldsymbol{O}_2)$，$\cdots$，$(X_n, \boldsymbol{O}_n)$ の**直積空間** (product space) という.

問　題

3.22　定理 3.7，3.8 および 3.9 を，n 個の位相空間の直積空間について定式化し，それらを証明しなさい.

3.4 分離公理

距離空間 (X,d) においては，任意の点 $x \in X$ について，1点集合 $\{x\}$ は閉集合であった（例 2.2，問題 2.9）．位相空間においては，このような一般的な性質は成り立たない；つまり，位相の公理から導かれる性質ではない．1点集合の状況がはっきりしないような位相では具体的な成果はあまり期待できない．そのあたりの事情を明確にするのが，本節の目標である．

T_1-空間 位相空間 $(X,\boldsymbol{O})$ が次の条件を満たすとき，**T_1-空間**であるという．

T_1-分離公理 $\forall x,y \in X(x \neq y),\ \exists\, U \in \boldsymbol{No}(x)\ (U \not\ni y)$

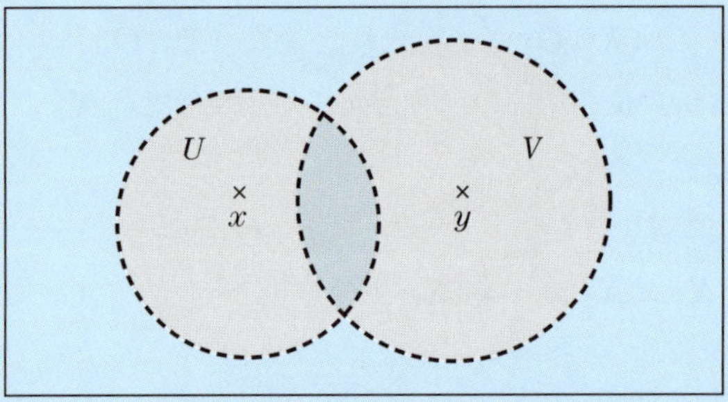

定理 3.10 位相空間 $(X,\boldsymbol{O})$ が $\boldsymbol{T}_1$-空間であるための必要十分条件は，任意の点 $x \in X$ について，1点集合 $\{x\}$ が閉集合となることである；

$$(X,\boldsymbol{O}) \text{ が } \boldsymbol{T}_1\text{-空間} \quad \Leftrightarrow \quad \forall x \in X(\{x\} \in \boldsymbol{A}(X))$$

証明 〔⇒ の証明〕 任意の点 $y \in X - \{x\}$ について，$\boldsymbol{T}_1$-分離公理より，y の開近傍 $V \in \boldsymbol{No}(y)$ が存在して，$V \not\ni x$ が成り立つ．よって，$y \in V \subset X - \{x\}$ である．これは，y が $X - \{x\}$ の内点であることを示すから，$X - \{x\}$ は開集合である．したがって，$\{x\}$ は閉集合である．

〔⇐ の証明〕 任意の 2 点 $x, y \in X\ (x \neq y)$，について，$\{y\}$ は閉集合であるから，$X - \{y\}$ は x の開近傍であり，$X - \{y\} \not\ni y$ である． ◆

問題

3.23 位相空間 $(X, \boldsymbol{O})$ は $\boldsymbol{T}_1$-空間であるとする．部分集合 $A \subset X$ について，部分空間 $(A, \boldsymbol{O}(A))$ も $\boldsymbol{T}_1$-空間であることを証明しなさい．

3.24 位相空間 $(X, \boldsymbol{O}(X)), (Y, \boldsymbol{O}(Y))$ が $\boldsymbol{T}_1$-空間であるとき，これらの直積空間 $(X \times Y, \boldsymbol{O}(X) \times \boldsymbol{O}(Y))$ もまた $\boldsymbol{T}_1$-空間であることを証明しなさい．

T_2-空間，ハウスドルフ空間 位相空間 $(X, \boldsymbol{O})$ が次の条件を満たすとき，$\boldsymbol{T_2}$-空間またはハウスドルフ空間 (Hausdorff space) であるという．

T_2-分離公理 $\forall x, y \in X (x \neq y), \exists U \in \boldsymbol{No}(x), \exists V \in \boldsymbol{No}(y)\ (U \cap V = \varnothing)$

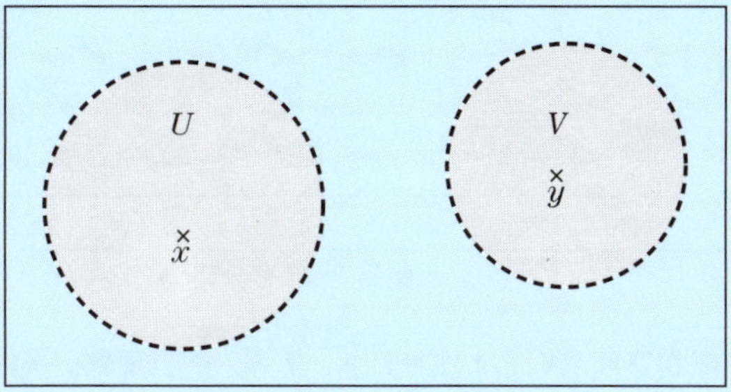

★ 上の開集合 U と V は，点 x と点 y を分離するという．$\boldsymbol{T}_2$-分離公理を満たす位相空間は，明らかに $\boldsymbol{T}_1$-分離公理も満たす．

定理 3.11 (X, d) を距離空間とし，$\boldsymbol{O}_d$ を d によって定まる距離位相とすると，$(X, \boldsymbol{O}_d)$ はハウスドルフ空間（したがって，$\boldsymbol{T}_1$-空間）である．

証明 任意の 2 点 $x, y \in X (x \neq y)$ に対して，$\varepsilon = d(x, y)/2 > 0$ とおけば，$U = N(x; \varepsilon) \in \boldsymbol{No}(x), V = N(y; \varepsilon) \in \boldsymbol{No}(y)$ で，$U \cap V = \varnothing$ である． ◆

問題

3.25 位相空間 $(X, \boldsymbol{O})$ は $\boldsymbol{T}_2$-空間であるとする．部分集合 $A \subset X$ について，部分空間 $(A, \boldsymbol{O}(A))$ も $\boldsymbol{T}_2$-空間であることを証明しなさい．

3.26 位相空間 $(X, \boldsymbol{O}(X)), (Y, \boldsymbol{O}(Y))$ が $\boldsymbol{T}_2$-空間であるとき，これらの直積空間 $(X \times Y, \boldsymbol{O}(X) \times \boldsymbol{O}(Y))$ もまた $\boldsymbol{T}_2$-空間であることを証明しなさい．

T_3-空間・正則空間 位相空間 $(X, \boldsymbol{O})$ が次の条件を満たすとき，$\boldsymbol{T}_3$-空間であるという．

T_3-分離公理 任意の閉集合 $F \subset X$ と任意の点 $x \in F^c = X - F$ に対して，開集合 $U, V \subset X$ が存在して，$x \in U, F \subset V, U \cap V = \varnothing$ を満たす；

$\forall F \in \boldsymbol{A}(X), \forall x \in F^c, \exists\, U \in \boldsymbol{O}, \exists\, V \in \boldsymbol{O}\ (x \in U, F \subset V, U \cap V = \varnothing)$

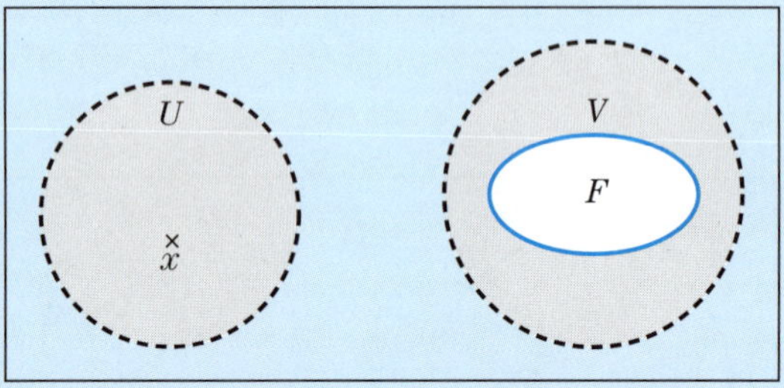

★ 上の開集合 U と V は，点 x と閉集合 F を分離するという．

定理 3.12 位相空間 $(X, \boldsymbol{O})$ において，$\boldsymbol{T}_3$-分離公理は，次の条件 $\boldsymbol{T}_3'$ と同値である：

$$\boldsymbol{T}_3' : \forall W \in \boldsymbol{O}, \forall x \in W, \exists\, U \in \boldsymbol{O}\ (x \in U \subset U^a \subset W)$$

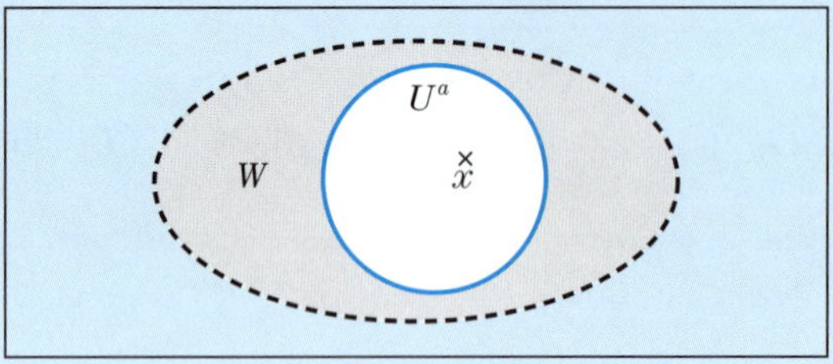

証明 〔$\boldsymbol{T}_3 \Rightarrow \boldsymbol{T}_3'$ の証明〕 $x \in W \in \boldsymbol{O}$ ならば，$W^c \in \boldsymbol{A}(X)$ で $x \notin W^c$ であるから，$\boldsymbol{T}_3$-分離公理より，次が成り立つ：

$$\exists\, U \in \boldsymbol{O}, \exists\, V \in \boldsymbol{O}\ (x \in U, W^c \subset V, U \cap V = \varnothing)$$

よって，$$x \in U \subset U^a \subset (V^c)^a = V^c \subset W$$
が成り立つ．したがって，$\boldsymbol{T}_3'$ が成り立つ．

〔$\boldsymbol{T}_3 \Leftarrow \boldsymbol{T}_3'$ の証明〕 $F \subset X$ を閉集合とし，$x \in F^c$ とすると，$x \in F^c \in \boldsymbol{O}$ である．条件 $\boldsymbol{T}_3'$ より，次が成り立つ：

$$\exists\, U \in \boldsymbol{O}\ (x \in U \subset U^a \subset F^c)$$

ここで，$(U^a)^c = V \in \boldsymbol{O}$ とおくと，$U \cap V = \varnothing$，$F \subset V$ で，$\boldsymbol{T}_3$ が成り立つ．◆

$\boldsymbol{T}_1$-分離公理と $\boldsymbol{T}_3$-分離公理の両方を満たす位相空間 $(X, \boldsymbol{O})$ を**正則空間** (regular space) という．

★ 実際，$\boldsymbol{T}_3$ を満たすが，$\boldsymbol{T}_1$ は満たさないような位相空間も存在するが，このような空間を扱うことはほとんどない．

定理 3.13 正則な位相空間 $(X, \boldsymbol{O})$ はハウスドルフ空間である．

証明 正則空間では，1 点集合は閉集合である．◆

問 題

3.27 位相空間 $(X, \boldsymbol{O})$ は正則空間であるとする．部分集合 $A \subset X$ について，部分空間 $(A, \boldsymbol{O}(A))$ も正則空間であることを証明しなさい．

3.28 位相空間 $(X, \boldsymbol{O}(X))$，$(Y, \boldsymbol{O}(Y))$ が正則空間であるとき，これらの直積空間 $(X \times Y, \boldsymbol{O}(X) \times \boldsymbol{O}(Y))$ もまた正則空間であることを証明しなさい．

$\boldsymbol{T}_4$-空間・正規空間 位相空間 $(X, \boldsymbol{O})$ が次の条件を満たすとき，$\boldsymbol{T}_4$-空間であるという．

$\boldsymbol{T}_4$-分離公理 任意の閉集合 $E, F \subset X$ について，$E \cap F = \varnothing$ ならば，開集合 $U, V \subset X$ が存在して，$E \subset U, F \subset V, U \cap V = \varnothing$ を満たす；

$\forall E \in \boldsymbol{A}(X), \forall F \in \boldsymbol{A}(X)$
$(E \cap F = \varnothing \quad \Rightarrow \quad \exists\, U \in \boldsymbol{O}, \exists\, V \in \boldsymbol{O}\ (U \supset E, V \supset F, U \cap V = \varnothing))$

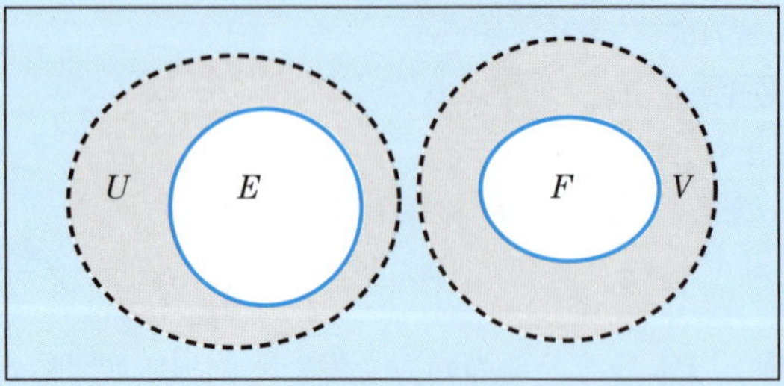

★ 上の開集合 U と V は，閉集合 E と F を分離するという．

定理 3.14 位相空間 $(X, \boldsymbol{O})$ において，$\boldsymbol{T}_4$-分離公理は，次の条件 $\boldsymbol{T}'_4$ と同値である：

$$\boldsymbol{T}'_4 : \forall F \in \boldsymbol{A}(X), \forall W \in \boldsymbol{O}, F \subset W, \exists\, U \in \boldsymbol{O}\ (F \subset U \subset U^a \subset W)$$

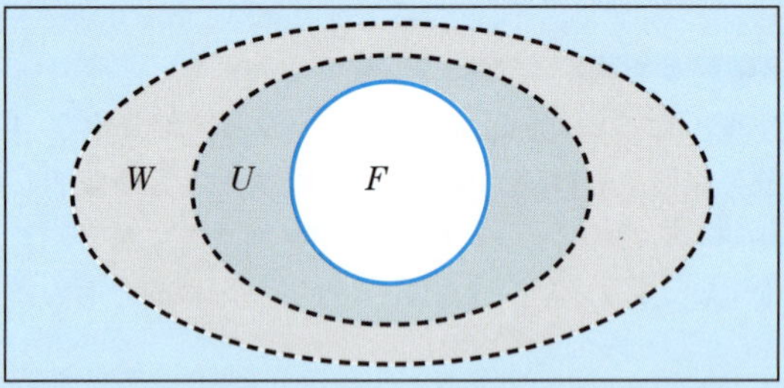

証明 〔$\boldsymbol{T}_4 \Rightarrow \boldsymbol{T}'_4$ の証明〕 $F \in \boldsymbol{A}(X), W \in \boldsymbol{O}$ について，$F \subset W$ とすると，$W^c \in \boldsymbol{A}(X)$ で $F \cap W^c = \varnothing$ であるから，$\boldsymbol{T}_4$-分離公理より，次が成り立つ：

$$\exists\, U \in \boldsymbol{O}, \exists\, V \in \boldsymbol{O}\ (U \supset F, V \supset W^c, U \cap V = \varnothing)$$

ゆえに，$F \subset U \subset U^a \subset (V^c)^a = V^c \subset W$

が成り立つ．これは，条件 $\boldsymbol{T}'_4$ である．

〔$\boldsymbol{T}_4 \Leftarrow \boldsymbol{T}'_4$ の証明〕 $E \in \boldsymbol{A}(X), F \in \boldsymbol{A}(X)$ について，$E \cap F = \varnothing$ とすると，$E \subset F^c, F^c \in \boldsymbol{O}$ である．条件 $\boldsymbol{T}'_4$ より，次が成り立つ：

$$\exists\, U \in \boldsymbol{O}\ (E \subset U \subset U^a \subset F^c)$$

そこで，$V = (U^a)^c$ とおけば，$V \in \boldsymbol{O}$ で，$V \supset F, U \cap V = \varnothing$ が成り立つ．したがって，$\boldsymbol{T}_4$-分離公理が成り立つ． ◆

$\boldsymbol{T}_1$-分離公理と $\boldsymbol{T}_4$-分離公理の両方を満たす位相空間 $(X, \boldsymbol{O})$ を**正規空間** (normal space) という．

★ 実際，$\boldsymbol{T}_4$ を満たすが，$\boldsymbol{T}_1$ は満たさないような位相空間も存在するが，このような空間を扱うことはほとんどない．

定理 3.15　正規な位相空間 $(X, \boldsymbol{O})$ は正則空間である．

証明　正規空間では，1 点集合は閉集合である．◆

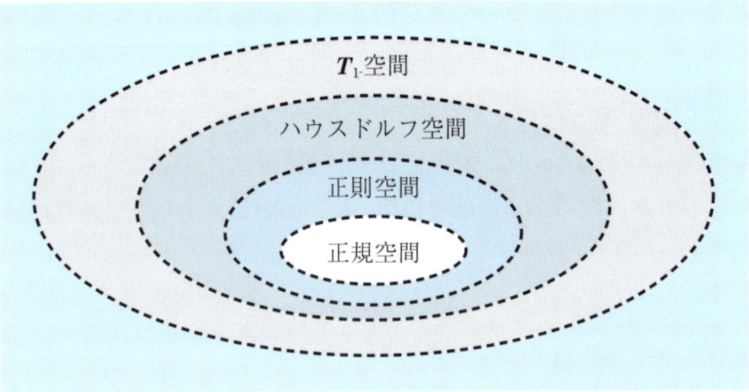

定理 3.16　距離空間 (X, d)，したがって，d によって定まる距離位相 $\boldsymbol{O}_d$ をもつ位相空間 $(X, \boldsymbol{O}_d)$ は正規空間である．

証明　E, F を X の閉集合で，$E \cap F = \varnothing$ とするとき，

$$U = \{x \in X \mid \mathrm{dist}(x, E) < \mathrm{dist}(x, F)\}$$
$$V = \{x \in X \mid \mathrm{dist}(x, E) > \mathrm{dist}(x, F)\}$$

とすると，U, V は共に開集合で，$U \cap V = \varnothing$ である．◆

問　題

3.29　$(X, \boldsymbol{O})$ を正規空間とし，$A \subset X, A \neq \varnothing$，とする．$A$ が閉集合ならば，部分空間 $(A, \boldsymbol{O}(A))$ も正規空間であることを証明しなさい．

3.5 位相空間のコンパクト性

$(X, \boldsymbol{O})$ を位相空間とし，$A \subset X$ を部分集合とする．

X の部分集合族 $\boldsymbol{C} = \{C_\lambda | \lambda \in \Lambda\} \subset 2^X$ が A の**被覆** (covering) であるとは，

$$\bigcup \boldsymbol{C} = \bigcup_{\lambda \in \Lambda} C_\lambda \supset A$$

が成り立つ場合をいう．このとき，$\boldsymbol{C}$ は A を**被覆する** (cover) ともいう．

特に，A の被覆 $\boldsymbol{C}$ の要素 C_λ がすべて開集合であるとき，$\boldsymbol{C}$ を A の**開被覆** (open covering) という．

A の被覆 $\boldsymbol{C}$ の部分集合 $\boldsymbol{C}'$ が再び A の被覆であるとき，つまり，$\bigcup \boldsymbol{C}' \supset A$ が成り立つとき，$\boldsymbol{C}'$ を $\boldsymbol{C}$ の**部分被覆** (subcovering) といい，$\boldsymbol{C}$ は部分被覆 $\boldsymbol{C}'$ をもつという．

さて，この開被覆を使って，距離空間の場合と同じように，部分集合 $A \subset X$ のコンパクト性を次のように定義する：

$A \subset X$ の任意の開被覆 $\boldsymbol{C} = \{U_\lambda | \lambda \in \Lambda\}$ が，有限個の要素からなる部分被覆（有限部分被覆）

$$\boldsymbol{C}' = \{U_1, U_2, \cdots, U_m\}$$

をもつとき，つまり，

$$U_1 \cup U_2 \cup \cdots \cup U_m \supset A$$

となるようにできるとき，A は**コンパクト** (compact) であるという．

また，X 自身がコンパクトのとき，$(X, \boldsymbol{O})$ を**コンパクト空間** (compact space) という．

例題 3.11

$(X, \boldsymbol{O})$ を位相空間とし，$A \subset X$ とする．次が成り立つ：

A がコンパクト集合 $\Leftrightarrow$ 部分空間 $(A, \boldsymbol{O}(A))$ がコンパクト空間．

証明 〔⇒の証明〕 $\boldsymbol{C}_A = \{V_\lambda \in \boldsymbol{O}(A) \mid \lambda \in \Lambda\}$ を，部分空間 $(A, \boldsymbol{O}(A))$ における A の任意の開被覆とする．相対位相 $\boldsymbol{O}(A)$ の定義から，開集合 $U_\lambda \in \boldsymbol{O}$ が存在して，$V_\lambda = A \cap U_\lambda$ となる $(\lambda \in \Lambda)$．すると，$\boldsymbol{C} = \{U_\lambda \mid \lambda \in \Lambda\}$ は部分集合 A の開被覆である．A がコンパクトだから，$\boldsymbol{C}$ の有限部分被覆 $\{U_1, U_2, \cdots, U_m\}$ が存在する．このとき，$\{V_1, V_2, \cdots, V_m\}$ は $\boldsymbol{C}_A$ の有限部分被覆である．

〔⇐の証明〕 $\boldsymbol{C} = \{U_\lambda \mid \lambda \in \Lambda\}$ を，部分集合 $A \subset X$ の任意の開被覆とすると，$\boldsymbol{C}_A = \{V_\lambda = A \cap U_\lambda \mid \lambda \in \Lambda\}$ は位相空間 $(A, \boldsymbol{O}(A))$ の開被覆である．仮定から，$\boldsymbol{C}_A$ の有限部分被覆 $\{V_1, V_2, \cdots, V_m\}$ が存在する．このとき，$\{U_1, U_2, \cdots, U_m\}$ は $\boldsymbol{C}$ の有限部分被覆である． ◆

例 3.10 位相空間 $(X, \boldsymbol{O})$ の有限個のコンパクトな部分集合 $A_1, A_2, \cdots, A_k$ の和集合 $A_1 \cup A_2 \cup \cdots \cup A_k$ はコンパクトである（例 2.13）．

次の命題は，距離位相の定義から，明らかである：

命題 3.5 (X, d) を距離空間とし，$\boldsymbol{O}_d$ を d によって定まる距離位相とする．

(X, d) がコンパクト距離空間 $\Leftrightarrow$ $(X, \boldsymbol{O}_d)$ がコンパクト空間． ◆

命題 3.6 $(X, \boldsymbol{O})$ 位相空間とし，$A \subset X$ をコンパクト集合とする．部分集合 $B \subset A$ が X の閉集合ならば，B もコンパクト集合である．

したがって，$(X, \boldsymbol{O})$ がコンパクト空間で，$A \subset X$ が閉集合ならば，A はコンパクトである．

証明 例題 2.12 の証明と全く同じである． ◆

定理 3.17 $(X, \boldsymbol{O}(X))$，$(Y, \boldsymbol{O}(Y))$ を位相空間とし，$f : X \to Y$ を連続写像とする．$A \subset X$ がコンパクトならば，$f(A) \subset Y$ もコンパクトである．

証明 $\boldsymbol{C}=\{U_\lambda|\lambda\in\Lambda\}$ を $f(A)$ の開被覆とする．f は連続写像だから，任意の $\lambda\in\Lambda$ について，$f^{-1}(U_\lambda)$ は X の開集合である．任意の点 $a\in A$ について，$f(a)\in f(A)\subset\bigcup U_\lambda$ だから，$a\in\bigcup f^{-1}(U_\lambda)$ が成り立つ．したがって，$\boldsymbol{C}'=\{f^{-1}(U_\lambda)|\lambda\in\Lambda\}$ はコンパクト集合 A の開被覆である．よって，仮定から，$\boldsymbol{C}'$ の有限部分被覆 $\{f^{-1}(U_1),f^{-1}(U_2),\cdots,f^{-1}(U_m)\}$ が存在する；

$$f^{-1}(U_1)\cup f^{-1}(U_2)\cup\cdots\cup f^{-1}(U_m)\supset A$$

両辺を f で移して，$U_1\cup U_2\cup\cdots\cup U_m\supset f(A)$ が得られるので，$\{U_1,U_2,\cdots,U_m\}$ は $\boldsymbol{C}$ の有限部分被覆である．よって，$f(A)$ はコンパクトである． ◆

系 3.2 $(X,\boldsymbol{O})$ を位相空間，$A\subset X$ を空でないコンパクト集合とする．任意の実数値連続写像 $f:A\to\mathbb{R}^1$ は A 上で最大値と最小値をもつ． ◆

定理 3.18 $(X,\boldsymbol{O}(X))$，$(Y,\boldsymbol{O}(Y))$ を位相空間とし，$A\subset X,B\subset Y$ をコンパクト集合とする．直積空間 $(X\times Y,\boldsymbol{O}(X)\times\boldsymbol{O}(Y))$ において，その部分集合 $A\times B$ はコンパクトである．

したがって，特に，コンパクト空間 $(X,\boldsymbol{O}(X))$，$(Y,\boldsymbol{O}(Y))$ の直積空間 $(X\times Y,\boldsymbol{O}(X)\times\boldsymbol{O}(Y))$ はコンパクト空間である．

証明 $\boldsymbol{C}=\{W_\lambda|\lambda\in\Lambda\}$ を $A\times B$ の開被覆とする．次が成り立つ：

$$\forall(a,b)\in A\times B,\exists\, W_{\lambda(a,b)}\in\boldsymbol{C}\,((a,b)\in W_{\lambda(a,b)}\in\boldsymbol{No}(a,b))$$

これに対して，直積位相の定義から，$U_{\lambda(a,b)}\in\boldsymbol{O}(X),V_{\lambda(a,b)}\in\boldsymbol{O}(Y)$ を，

$$(a,b)\in U_{\lambda(a,b)}\times V_{\lambda(a,b)}\subset W_{\lambda(a,b)}$$

となるように選ぶことができる．このとき，

$$\boldsymbol{V}(a)=\{V_{\lambda(a,b)}|b\in B\}$$

はコンパクト集合 B の開被覆である．よって，B に対する $\boldsymbol{V}(a)$ の有限部分被覆 $\boldsymbol{Vo}(a)=\{V_{\lambda(a,b_1)},V_{\lambda(a,b_2)},\cdots,V_{\lambda(a,b_m)}\}$ が存在する．そこで，

$$U(a)=U_{\lambda(a,b_1)}\cap U_{\lambda(a,b_2)}\cap\cdots\cap U_{\lambda(a,b_m)}$$

とおくと，$U(a)\in\boldsymbol{No}(a)$ であって，

$$U(a)\times V_{\lambda(a,b_j)}\subset U_{\lambda(a,b_j)}\times V_{\lambda(a,b_j)}\subset W_{\lambda(a,b_j)}\quad(j=1,2,\cdots,m(a))$$

が成り立つ．一方，このようにして得られた a の開近傍の全体

$$\boldsymbol{U}=\{U(a)|a\in A\}$$

はコンパクト集合 A の開被覆である．よって，A に対する U の有限部分被覆 $\boldsymbol{Uo} = \{U(a_1), U(a_2), \cdots, U(a_n)\}$ が存在する．そこで，$W_{\lambda(a_i,b_j)} \in \boldsymbol{C}$ を

$$U(a_i) \times V_{\lambda(a_i,b_j)} \subset W_{\lambda(a_i,b_j)}$$

となるように選ぶと，

$$\bigcup_{i=1}^{n}\left(\bigcup_{j=1}^{m(a_i)} W_{\lambda(a_i,b_j)}\right) \supset A \times B.$$

が成り立つ．よって，$A \times B$ に対する $\boldsymbol{C}$ の有限部分被覆

$$\{W_{\lambda(a_i,b_j)} | i = 1, 2, \cdots, n; j = 1, 2, \cdots, m(a_i)\}$$

が得られたので，$A \times B$ はコンパクト集合である． ◆

系 3.3 $(X_1, \boldsymbol{O}_1)$，$(X_2, \boldsymbol{O}_2)$，$\cdots$，$(X_n, \boldsymbol{O}_n)$ をコンパクト空間とすると，直積空間 $(X_1 \times X_2 \times \cdots \times X_n, \boldsymbol{O}_1 \times \boldsymbol{O}_2 \times \cdots \times \boldsymbol{O}_n)$ もコンパクト空間である． ◆

コンパクト・ハウスドルフ空間

定理 3.19 $(X, \boldsymbol{O})$ をハウスドルフ空間とし，$A \subset X$ とする．A がコンパクトならば，A は閉集合である．

証明 $A^c = X - A$ が開集合であることを証明する．$x \in A^c$ を任意の点とする．$\boldsymbol{T}_2$-分離公理より，次が成り立つ：

$$\forall a \in A, \exists\, U_x(a) \in \boldsymbol{No}(a), \exists\, Va(x) \in \boldsymbol{No}(x)\ (U_x(a) \cap Va(x) = \varnothing)$$

すると，$\boldsymbol{C} = \{U_x(a) | a \in A\}$ はコンパクト集合 A の開被覆である．よって，$\boldsymbol{C}$ の有限部分被覆 $\{U_x(a_1), U_x(a_2), \cdots, U_x(a_m)\}$ が存在する；

$$U_x(a_1) \cup U_x(a_2) \cup \cdots \cup U_x(a_m) \supset A$$

そこで，

$$V(x) = Va_1(x) \cap Va_2(x) \cap \cdots \cap Va_m(x)$$

とおくと，

$$V(x) \in \boldsymbol{No}(x), \quad V(x) \cap (U_x(a_1) \cup U_x(a_2) \cup \cdots \cup U_x(a_m)) = \varnothing$$

が成り立つ．したがって，

$$V(x) \subset (U_x(a_1) \cup U_x(a_2) \cup \cdots \cup U_x(a_m))^c \subset X - A = A^c$$

であるから，$x \in A^c$ は A^c の内点である．よって，A^c は開集合である． ◆

定理 3.20 $(X, \boldsymbol{O}(X))$ をコンパクト空間，$(Y, \boldsymbol{O}(Y))$ をハウスドルフ空間とし，$f : X \to Y$ を写像とする．

(1) f が連続写像ならば，f は閉写像である．

(2) f が連続写像で全単射ならば，f は同相写像である．

証明 (1) $F \subset X$ を閉集合とすると，命題 3.6 より，F はコンパクトである．定理 3.17 より，$f(F) \subset Y$ はコンパクトになるが，定理 3.19 より，閉集合である．

(2) 上の (1) と同相写像の定義による． ◆

定理 3.21 位相空間 $(X, \boldsymbol{O})$ がコンパクトでハウスドルフ空間ならば，正規空間である．

証明 $E, F \subset X$ を閉集合で，$E \cap F = \varnothing$ を満たすものとする．命題 3.6 から，E, F は共にコンパクト集合でもある．

1 点 $x \in E$ を選ぶと，$\boldsymbol{T}_2$-分離公理から，次が成り立つ：

$$\forall y \in F, \exists\, U_y(x) \in \boldsymbol{No}(x), \exists\, V_x(y) \in \boldsymbol{No}(y)\ (U_y(x) \cap V_x(y) = \varnothing)$$

そこで，$\boldsymbol{V} = \{V_x(y) | y \in F\}$ とおくと，これはコンパクト集合 F の開被覆であるから，有限部分被覆 $\boldsymbol{V}_x = \{V_x(y_1), V_x(y_2), \cdots, V_x(y_m)\}$ が存在する．ここで，

$$U(x) = U_{y_1}(x) \cap U_{y_2}(x) \cap \cdots \cap U_{y_m}(x)$$
$$V(x) = V_x(y_1) \cup V_x(y_2) \cup \cdots \cup V_x(y_m)$$

とおくと，$U(x) \in \boldsymbol{No}(x), V(x) \supset F, U(x) \cap V(x) = \varnothing$ が成り立つ．

そこで次に，$\boldsymbol{U} = \{U(x) | x \in E\}$ とおくと，これはコンパクト集合 E の開被覆となるから，有限部分被覆 $\boldsymbol{Uo} = \{U(x_1), U(x_2), \cdots, U(x_n)\}$ が存在する．

$$U = U(x_1) \cup U(x_2) \cup \cdots \cup U(x_n)$$
$$V = V(x_1) \cap V(x_2) \cap \cdots \cap V(x_n)$$

とおくと，$U \supset E, V \supset F, U \cap V = \varnothing$，$U \in \boldsymbol{O}, V \in \boldsymbol{O}$ が成り立つ．E と F が開集合によって分離されたので，$(X, \boldsymbol{O})$ は正規空間である． ◆

問 題

3.30 $(X, \boldsymbol{O})$ をハウスドルフ空間とする．2 つのコンパクト集合 $A, B \subset X$ の共通集合 $A \cap B$ はコンパクト集合であることを証明しなさい．

有限交叉性　集合 X のある部分集合族 $\boldsymbol{A} \subset 2^X$ が**有限交叉性** (finite intersection property) をもつとは，任意の有限部分族

$$\{A_1, A_2, \cdots, A_k\} \subset \boldsymbol{A}$$

について，

$$A_1 \cap A_2 \cap \cdots \cap A_k \neq \varnothing$$

が成り立つ場合をいう．

この言葉を用いて，コンパクト性を特徴付けることができる．

定理 3.22　位相空間 $(X, \boldsymbol{O})$ において，次の 2 条件は同値である．

(1)　$(X, \boldsymbol{O})$ はコンパクト空間である．

(2)　$(X, \boldsymbol{O})$ の閉集合族 $\boldsymbol{A}$ が有限交叉性をもつならば，$\bigcap \boldsymbol{A} \neq \varnothing$ である．

証明　〔(1)⇒(2) の証明〕 背理法で証明する．有限交叉性をもつ閉集合族 $\boldsymbol{A} = \{F_\lambda \,|\, \lambda \in \Lambda\}$ で，$\bigcap F_\lambda = \varnothing$ となるものがあったとすると，$\boldsymbol{A}^c = \{F_\lambda^c \,|\, \lambda \in \Lambda\}$ は X の開被覆である．X はコンパクトであるから，有限部分被覆 $\{F_1^c, F_2^c, \cdots, F_m^c\}$ が存在する；

$$F_1^c \cup F_2^c \cup \cdots \cup F_m^c = X$$

このとき，

$$F_1 \cap F_2 \cap \cdots \cap F_m = (F_1^c \cup F_2^c \cup \cdots \cup F_m^c)^c = X^c = \varnothing$$

が成立し，$\boldsymbol{A}$ が有限交叉性をもつという条件に反する．

〔(1)⇐(2) の証明〕 $\boldsymbol{C} = \{U_\lambda \,|\, \lambda \in \Lambda\}$ を X の任意の開被覆とする；$\bigcup U_\lambda = X$．そこで，$F_\lambda = U_\lambda^c$ として，閉集合族 $\boldsymbol{A} = \{F_\lambda \,|\, \lambda \in \Lambda\}$ を得る．すると，

$$\bigcap F_\lambda = \left(\bigcup U_\lambda\right)^c = X^c = \varnothing$$

が成立している．

さて，$\boldsymbol{C}$ の有限部分被覆が存在しないと仮定する．つまり，$\boldsymbol{C}$ の任意の部分集合族 $\{U_1, U_2, \cdots, U_m\}$ について，$U_1 \cup U_2 \cup \cdots \cup U_m \neq X$ が成り立つと仮定する．すると，$F_1 \cap F_2 \cap \cdots \cap F_m = (U_1 \cup U_2 \cup \cdots \cup U_m)^c \neq \varnothing$ となり，閉集合族 $\boldsymbol{A}$ は有限交叉性をもつことになる．よって，条件 (2) より，$\bigcap F_\lambda \neq \varnothing$ である．ところが，これは先の性質に反する．よって，$\boldsymbol{C}$ には有限部分被覆が存在することになり，X がコンパクトであることが結論される．◆

3.6 位相空間の連結性

位相空間の連結性も，距離空間の場合と同様に定義する．重複するが丁寧に反復する（2.5 節）．

$(X, \boldsymbol{O})$ を位相空間とする．部分集合 $A \subset X$ に対して，次の 3 条件を満たす開集合 U, V が存在するとき，A は**連結でない** (disconnected) という；

(DC1) $A \subset U \cup V$
(DC2) $U \cap V = \varnothing$
(DC3) $U \cap A \neq \varnothing \neq V \cap A$

このような U と V を，A を**分離する** (separate) 開集合という．

部分集合 $A \subset X$ が**連結** (connected) であるとは，上の「連結でない」の否定が成り立つ場合をいう．

ところで,「連結でない」の条件は 3 つあるので，否定の仕方は幾つも考えられる．例えば，

(イ) (DC1)，(DC2) を満たす開集合 U，V は (DC3) を満たさない．
(ロ) (DC2)，(DC3) を満たす開集合 U，V は (DC1) を満たさない．
(ハ) (DC1)，(DC2)，(DC3) を満たす 2 つの集合 U, V があれば，少なくとも一方は開集合ではない．

などがある．しかし,「連結」というのは，直観的にはつながっていることであり,「集合を分離する開集合が存在しない」というのが本質的である．そこで，改めて (イ) を取り上げて定義としておく：

(イ) 部分集合 $A \subset X$ が連結であるとは，次の 2 つの条件

$$(\mathrm{C1}) = (\mathrm{DC1}) \quad A \subset U \cup V, \quad (\mathrm{C2}) = (\mathrm{DC2}) \quad U \cap V = \varnothing$$

を満たす開集合 $U, V \subset X$ については，次を満たす場合をいう：

$$(\mathrm{C3}) \quad U \cap A = \varnothing \qquad \text{または} \qquad V \cap A = \varnothing$$

位相空間 $(X,\boldsymbol{O})$ が「連結である」あるいは「連結でない」というのは，もちろん，上の定義で $A=X$ の場合で考える．

ところで，位相の公理 [O1] から，X と $\boldsymbol{O}$ は常に X の開集合であり，同時に閉集合でもある（定理 3.1 (1)）．このような開集合でかつ閉集合でもある部分集合を利用して，連結性を特徴付けることができる．

定理 3.23 (1) 位相空間 $(X,\boldsymbol{O})$ が連結である $\Leftrightarrow$ X の部分集合で開かつ閉となるものは X と $\varnothing$ に限る．

(2) 位相空間 $(X,\boldsymbol{O})$ が連結でない $\Leftrightarrow$ X と $\varnothing$ 以外に，X の開かつ閉なる部分集合が存在する．

証明 定義より，(1) と (2) は同値な命題であるから，(2) を証明する．

〔$\Rightarrow$ の証明〕 U と V を，X を分離する開集合とすると，(DC1) と (DC2) より，

$$U=X-V, \qquad V=X-U$$

であるから，U と V は X の閉集合でもある．(DC3) より，$U\neq\varnothing\neq V$ であり，したがって，$U\neq X\neq V$ でもある．

〔$\Leftarrow$ の証明〕 U を，X の開かつ閉なる部分集合で，$U\neq X, U\neq\varnothing$ とすると，$V=X-U$ も X の開集合で，U と V が X を分離することは容易に確かめられる．◆

★ 位相空間 $(X,\boldsymbol{O})$ が連結であることを，定理 3.23 (1) によって定義することが多い．この場合，部分集合 $A\subset X$ が連結であるとは，$(X,\boldsymbol{O})$ の部分空間として $(A,\boldsymbol{O}(A))$ が連結であることと定める．

例 3.11 位相空間 $(X,\boldsymbol{O})$ において，1 点からなる集合 $\{a\}\subset X$ は連結である．(cf. 例題 2.16 (2))

次の命題は，距離位相の定義から，明らかである．

命題 3.7 (X,d) を距離空間とし，$\boldsymbol{O}_d$ を d によって定まる距離位相とする．(X,d) が連結距離空間 $\Leftrightarrow$ $(X,\boldsymbol{O}_d)$ が連結な位相空間 ◆

この後は，2.5 節「距離空間の連結性」で取り上げた性質を，位相空間で定式化していく．証明は基本的に同じであるのものが多い．

例題 3.12

$(X, \boldsymbol{O})$ を位相空間とする．部分集合 $A \subset X$ が連結で，$A \subset B \subset A^a$ ならば，B も連結である．したがって，特に A^a も連結である．

証明 例題 2.17 の証明と同じである． ◆

定理 3.24 $(X, \boldsymbol{O}(X)), (Y, \boldsymbol{O}(Y))$ を位相空間とし，$f : X \to Y$ を連続写像とする．部分集合 $A \subset X$ が連結ならば，$f(A) \subset Y$ も連結である．

証明 定理 2.25 の証明と同じである． ◆

定理 3.25（中間値の定理） $(X, \boldsymbol{O})$ を位相空間とし，$f : X \to \mathbb{R}^1$ を連続写像とする．部分集合 $A \subset X$ が連結ならば，次が成り立つ：

$$\forall \alpha, \beta \in f(A), \alpha < \beta([\alpha, \beta] \subset f(A)).$$

証明 上の定理3.24より，$f(A)$ は連結である．$f(A) \subset \mathbb{R}^1$ だから，定理2.24より，$f(A)$ は区間である．したがって，(定理 2.24 における注意★によって) $\alpha, \beta \in f(A)$ で $\alpha < \beta$ ならば，$[\alpha, \beta] \subset f(A)$ が成り立つ． ◆

系 3.4 $(X, \boldsymbol{O})$ を位相空間，$A \subset X$ を連結な部分集合，$f : X \to \mathbb{R}^1$ を連続写像とする．A の 2 点 a, b について，$f(a) < f(b)$ ならば，次が成り立つ：

$$\forall \gamma \in \mathbb{R}^1, f(a) < \gamma < f(b), \exists\, c \in A\ (f(c) = \gamma)$$ ◆

例題 3.13

$(X, \boldsymbol{O})$ を位相空間とし，$\{A_\lambda \mid \lambda \in \Lambda\}$ を X の連結な部分集合族とする．$\bigcap_{\lambda \in \Lambda} A_\lambda \neq \varnothing$ ならば，和集合 $A = \bigcup_{\lambda \in \Lambda} A_\lambda$ も連結である．

証明 例題 2.18 の証明と同じである． ◆

位相空間 $(X,\boldsymbol{O})$ の点 x について，x を含むような X の連結集合すべての和集合を $C(x)$ で表し，点 x を含む X の**連結成分** (connected component) という；点 x を含む連結集合の全体を $\{A_\lambda \,|\, \lambda \in \Lambda\}$ とすると，$C(x) = \bigcup_{\lambda\in\Lambda} A_\lambda$.

1 点集合 $\{x\}$ は連結であるから（例 3.11），$C(x) \neq \varnothing$ である．

例題 3.14

位相空間 $(X,\boldsymbol{O})$ について，次が成り立つ：

(1)　点 $x \in X$ について，$C(x)$ は x を含む X の最大の連結集合である．

(2)　点 $x, y \in X$ について，$C(x) \cap C(y) \neq \varnothing \quad \Rightarrow \quad C(x) = C(y)$.

証明　(1)　左ページの例題 3.13 より，$C(x)$ は点 x を含む連結集合である．$B \subset X$ を x を含む連結集合とすると，連結成分の定義より，$B \subset C(x)$ である．

(2)　$C(x) \cap C(y) \neq \varnothing$ とすると，例題 3.13 より，$C(x) \cup C(y)$ は連結である．連結成分の最大性により，$C(x) = C(x) \cup C(y) = C(y)$ である．◆

例題 3.14 (2) から，X 上の二項関係 $\boldsymbol{R}$ を，

$$x\boldsymbol{R}y \equiv C(x) = C(y)$$

と定義すると，これは同値関係となる．この同値関係により，X は連結成分によって分割されることになる．

定理 3.26　$(X, \boldsymbol{O}(X)), (Y, \boldsymbol{O}(Y))$ を位相空間とする．部分集合 $A \subset X$, $B \subset Y$ がともに連結ならば，直積集合 $A \times B$ も直積空間 $(X \times Y, \boldsymbol{O}(X) \times \boldsymbol{O}(Y))$ の部分集合として連結である．

証明　定理 2.27 の証明と全く同じである．◆

問　題

3.31　$(X,\boldsymbol{O})$ を位相空間とし，$A \subset B \subset X$ とする．次を証明しなさい．
A が部分空間 $(B, \boldsymbol{O}(B))$ で連結　$\Rightarrow$　A が $(X,\boldsymbol{O})$ で連結

弧状連結性 $(X, \boldsymbol{O})$ を位相空間とする．部分集合 $A \subset X$ に対して，閉区間 $[0,1]$ から部分空間 $(A, \boldsymbol{O}(A))$ への連続写像 $w : [0,1] \to A$ を A における**道** (path) といい，点 $w(0)$ をその**始点** (initial point)，点 $w(1)$ をその**終点** (terminal point) という．このとき，A の 2 点 $w(0)$ と $w(1)$ は道 w によって**結ばれる**という．

★ 道 $w : [0,1] \to A$ の像 $w([0,1])$ を**弧** (arc) という．説明図では弧が使われるが，道はあくまで連続写像である．

位相空間 $(X, \boldsymbol{O})$ の部分空間 $(A, \boldsymbol{O}(A))$ の任意の 2 点が道によって結ばれるとき，A は**弧状連結** (arcwise connected, pathwise connected) であるという．

例 3.12（例題 2.21 参照）(1) 位相空間 $(X, \boldsymbol{O})$ において，1 点からなる集合 $\{a\} \subset X$ は弧状連結である．実際，点 a に値をとる定値写像 $c_a : [0,1] \to A, c_a([0,1]) = \{a\}$，は連続である．つまり，$c_a$ は a と a を結ぶ $\{a\}$ の道である．

(2) $\mathbb{R}^1$ の任意の区間は弧状連結である．

(3) $\mathbb{R}^n$ は弧状連結である．また，任意の点 $a \in \mathbb{R}^n$ と任意の実数 $r > 0$ について，開球体 $N(a; r)$，閉球体 $D(a; r)$ は弧状連結である．

実際，距離空間 (X, d) が弧状連結ならば，d によって定まる距離位相 $\boldsymbol{O}_d$ について，位相空間 $(X, \boldsymbol{O}_d)$ も弧状連結である．

道についての基本的性質を，位相空間において再録する：

(1) A の 2 点 a と b が道で結ばれるならば，b と a も道で結ばれる．実際，$w : [0,1] \to A$ を $w(0) = a, w(1) = b$ なる A の道とすると，

$$\overline{w} : [0,1] \to A, \quad \overline{w}(t) = w(1-t) \quad (0 \leqq t \leqq 1)$$

によって定義される写像 $\overline{w}$ も連続で，

$$\overline{w}(0) = w(1) = b, \quad \overline{w}(1) = w(0) = a$$

である．なお，ここで定義された道 $\overline{w}$ を，道 w の**逆の道**という．

(2) A の 3 点 a, b, c について，a と b が道によって結ばれ，かつ b と c が道によって結ばれるならば，a と c は道によって結ばれる．実際，

$$u : [0,1] \to A \text{ を } \quad u(0) = a, u(1) = b \text{ なる道}$$

$$v : [0,1] \to A \text{ を } \quad v(0) = b, v(1) = c \text{ なる道}$$

とするとき，区間上の連続写像

$$\sigma : [0, 1/2] \to [0,1], \quad \sigma(t) = 2t$$

$$\tau : [1/2, 1] \to [0,1], \quad \tau(t) = 2t - 1$$

を利用して，$w : [0,1] \to A$ を次のように定義する：

$$w(t) = \begin{cases} (u \circ \sigma)(t) & (0 \leqq t \leqq 1/2) \\ (v \circ \tau)(t) & (1/2 \leqq t \leqq 1) \end{cases}$$

定理 3.5 により，$u \circ \sigma$ と $v \circ \tau$ はいずれも連続である．また，閉区間 $[0, 1/2], [1/2, 1]$ はいずれも区間 $[0,1]$ の閉集合であり，

$$(u \circ \sigma)(1/2) = u(1) = b = v(0) = (v \circ \tau)(1/2)$$

だから，例題 3.5 より，w も連続，つまり，w は道である．しかも，

$$w(0) = u(0) = a, \quad w(1) = v(1) = c$$

が成り立つ．ここで定義された道 w を，道 u と道 v の**積**という．

上の 2 つの性質と，例 3.12 で示した定値写像を用いることにより，位相空間 $(X, \boldsymbol{O})$ において，「道によって結ばれる」という関係は集合 X 上の同値関係であることが示される．この各同値類を X の**弧状連結成分**という．

位相空間の弧状連結成分についても，距離空間の弧状連結成分と同じ性質が成り立つ．

例題 3.15

$(X, \boldsymbol{O})$ を位相空間とし，$A \subset X$ とする．
A が弧状連結であることと，次の（$*$）は同値な条件である：
（$*$） 1 点 $a \in A$ が存在して，A の任意の点は a と道で結ばれる．

証明 例題 2.22 と同じである． ◆

系 3.5 $(X, \boldsymbol{O}))$ を位相空間とし，$\{A_\lambda \mid \lambda \in \Lambda\}$ を X の弧状連結な部分集合族とする．$\bigcap_{\lambda \in \Lambda} A_\lambda \neq \varnothing$ ならば，和集合 $A = \bigcup_{\lambda \in \Lambda} A_\lambda$ も弧状連結である．

証明 系 2.7 と同じである． ◆

位相空間 $(X, \boldsymbol{O})$ の点 x について，x を含むような X の弧状連結集合すべての和集合を $C^*(x)$ で表し，点 x を含む**弧状連結成分**という．$C^*(x)$ は，前記の「道によって結ばれる」という X 上の同値関係による，点 x の同値類と一致する．

例 3.12 で示したように，1 点集合は弧状連結であるから，$C^*(x) \neq \varnothing$ であり，系 2.8 と同じく，次が成り立つ：

系 3.6 位相空間 $(X, \boldsymbol{O})$ において，次が成り立つ：

(1) 点 $x \in X$ について，$C^*(x)$ は x を含む最大の弧状連結成分である．

(2) 点 $x, y \in X$ について，

$$C^*(x) \cap C^*(y) \neq \varnothing \quad \Rightarrow \quad C^*(x) = C^*(y)$$ ◆

定理 3.27 $(X, \boldsymbol{O}(X)), (Y, \boldsymbol{O}(Y))$ を位相空間とし，$f : X \to Y$ を連続写像とする．部分集合 $A \subset X$ が弧状連結ならば，$f(A) \subset Y$ も弧状連結である．

証明 定理 2.28 の証明と同じである． ◆

定理 3.28 $(X, \boldsymbol{O}(X)), (Y, \boldsymbol{O}(Y))$ を位相空間とする．部分集合 $A \subset X, B \subset Y$ がともに弧状連結ならば，直積集合 $A \times B$ も直積空間 $(X \times Y, \boldsymbol{O}(X) \times \boldsymbol{O}(Y))$ の部分集合として弧状連結である．

証明 定理 2.27 の証明と同じ方針で証明される． ◆

定理 3.29 弧状連結な位相空間 $(X, \boldsymbol{O})$ は連結である．

証明 定理 2.30 の証明と同じである． ◆

ところで，定理 3.29 の逆は成り立たないことを示すのが次の例である．

例 3.13 2 次元ユークリッド空間 $(\mathbb{R}^2, \boldsymbol{O}_2)$ の部分空間 $(X, \boldsymbol{O})$ を次のように構成する：

$$A = \{(0, y) | 0 < y \leqq 1\}, \quad B = \{(x, 0) | 0 < x \leqq 1\},$$

$$X_n = \{(1/n, y) | 0 \leqq y \leqq 1\}, \quad n \in \mathbb{N},$$

とすると，$X = B \cup \left(\bigcup_{n \in \mathbb{N}} X_n \right) \cup A$ は連結であるが，弧状連結ではない．

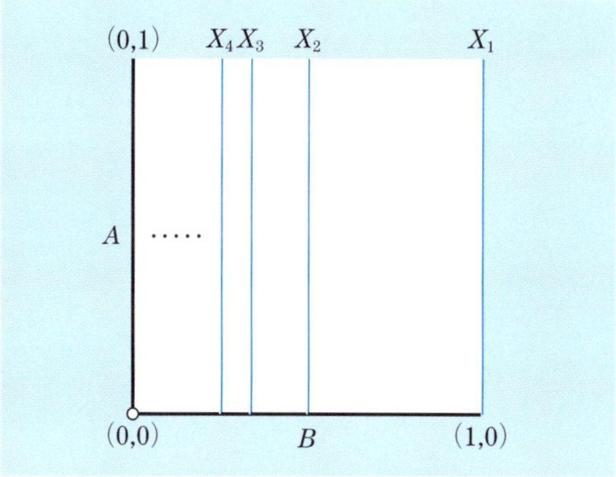

実際，$B_n = B \cup X_n$ は（弧状）連結で，$\bigcap_{n \in \mathbb{N}} B_n \supset B$ であるから，(系 3.5) 例題 3.13 より，$\bigcup_{n \in \mathbb{N}} B_n = B \cup \left(\bigcup_{n \in \mathbb{N}} X_n \right)$ は（弧状）連結である．ところで，

$$B \cup \left(\bigcup_{n \in \mathbb{N}} X_n \right) \subset B \cup \left(\bigcup_{n \in \mathbb{N}} X_n \right) \cup A = X \subset \left(B \cup \left(\bigcup_{n \in \mathbb{N}} X_n \right) \right)^a$$

であるから，例題 3.12 より，X は連結である．

一方，X の 2 点 $(1, 0)$ と $(0, 1)$ を結ぶ道は存在しないので，X は弧状連結ではない．

3.7 位相空間の局所的性質

位相空間を舞台に数学を展開する際，その局所的な性質がいろいろ必要になる．この節では，そのうちのいくつかを取り上げて紹介する．

局所コンパクト性 例 2.13 で示したようにユークリッド空間 $\mathbb{R}^n$ はコンパクトではないが（命題 3.5 を参照），各点 $x \in \mathbb{R}^n$ は閉球体からなる基本近傍系をもつ（例 3.7）．閉球体はコンパクトであるから，x はコンパクトな基本近傍系をもつことになる．この概念を定式化する．

位相空間 $(X, \boldsymbol{O})$ が**局所コンパクト** (locally compact) であるとは，各点 $x \in X$ にコンパクトな近傍が存在する場合をいう．

例 3.14 $\mathbb{R}^n$ は（コンパクトでないが）局所コンパクトである．実際，例 2.13 で示したように，各点 $x \in \mathbb{R}^n$ について，閉球体の族 $\{D(x; 1/m) | m \in \mathbb{N}\}$ はコンパクトな基本近傍系である．

例 3.15 (1) コンパクト空間 $(X, \boldsymbol{O})$ は局所コンパクトである．実際，各点 x はコンパクト近傍 X をもつ．

(2) 離散空間 $(X, \boldsymbol{O})$ は局所コンパクトである．実際，各点 x はコンパクト近傍 $\{x\}$ をもつ．

定理 3.30 $(X, \boldsymbol{O})$ をハウスドルフ空間とする．次が成り立つ：

$$(X, \boldsymbol{O}) \text{ が局所コンパクト}$$
$$\Leftrightarrow \quad \forall x \in X, \exists\, U \in \boldsymbol{No}(x)\, (U^a \text{ がコンパクト})$$

証明 〔⇒ の証明〕 仮定から，$\forall x \in X$ に対して，コンパクト近傍 M が存在する．近傍の定義から，$\exists\, U \in \boldsymbol{No}(x)(U \subset M)$ が成り立つ．定理 3.19 より，M は閉集合であるから，$U \subset U^a \subset M$ が成り立つ．命題 3.6 より，U^a はコンパクトである．

〔⇐ の証明〕 自明である． ◆

定理 3.31 $(X, \boldsymbol{O})$ をハウスドルフ空間とする．次の (1)，(2) は同値である：

(1) $x \in X$ のコンパクト近傍が存在する．

(2) $x \in X$ の基本近傍系で，コンパクト近傍からなるものが存在する．

証明 〔(1)⇒(2) の証明〕 x のコンパクト近傍の全体を $\boldsymbol{D}(x)$ とする．任意の $M \in \boldsymbol{D}(x)$ について，問題 3.25 より，部分空間 $(M, \boldsymbol{O}(M))$ はコンパクト・ハウスドルフ空間である．したがって，定理 3.21 より，これは正規空間である．よって，x の任意の開近傍 U について，$x \in U \cap M^i$ だから，M における開集合 V が存在して，次が成り立つ：

$$x \in V \subset \langle V \rangle^a \subset U \cap M^i$$

ただし，$\langle V \rangle^a$ は V の $(M, \boldsymbol{O}(M))$ における閉包を表す．

このとき，$\langle V \rangle^a$ は，コンパクト空間 M の閉集合だから，命題 3.6 により，コンパクトである．さらに，V は，X の開集合 $U \cap M^i$ の開集合であるから，X の開集合でもある．よって，$\langle V \rangle^a = V^a$ であるから，

$$V^a \in \boldsymbol{D}(x), x \in V \subset V^a \subset U$$

が成り立つ．したがって，$\boldsymbol{D}(x)$ は x の基本近傍系である．

〔(2)⇒(1) の証明〕 自明である． ◆

定理 3.32 局所コンパクト・ハウスドルフ空間 $(X, \boldsymbol{O})$ は正則空間である．

証明 分離公理 $\boldsymbol{T}_3'$（定理 3.12）を満たすことを示せば十分である．点 $x \in X$ とその任意の開近傍 W が与えられたとする．x のコンパクト近傍 M をとる．近傍の定義より，

$$\exists\, V \in \boldsymbol{No}(x)(x \in V \subset M)$$

が成り立つ．定理 3.21 より，部分空間 $(M, \boldsymbol{O}(M))$ は正規空間である．分離公理 $\boldsymbol{T}_4$ より，次が成り立つ：

$$\exists\, U \in \boldsymbol{O}(x \in U \subset \langle U \rangle^a \subset V \cap W \subset M)$$

ただし，$\langle U \rangle^a$ は $(M, \boldsymbol{O}(M))$ における閉包である．しかし，M がハウスドルフ空間 X のコンパクト集合だから，定理 3.19 より，M は X の閉集合である．よって，補題 3.1 (2) より，$\langle U \rangle^a = U^a$ であり，分離公理 $\boldsymbol{T}_3'$「$x \in U \subset U^a \subset W$」が成り立つ． ◆

例題 3.16

$(X, \boldsymbol{O})$ を局所コンパクト・ハウスドルフ空間とする．部分集合 $A \subset X$ が開集合または閉集合ならば，部分空間 $(A, \boldsymbol{O}(A))$ も局所コンパクト・ハウスドルフ空間である．

証明 問題 3.25 より，$(A, \boldsymbol{O}(A))$ はハウスドルフ空間であるから，局所コンパクトであることを証明すれば十分である．

A が開集合の場合：$\forall x \in A$ に対して，$A \in \boldsymbol{No}(x)$ だから，定理 3.32 より，

$$\exists\, U \in \boldsymbol{No}(x)(x \in U \subset U^a \subset A, U^a \text{ はコンパクト})$$

が成り立つ．$U^a \subset A$ より，補題 3.1 (3) から，次が成り立つ：

$$\begin{aligned} x \in U = U \cap A &\subset \langle U \cap A \rangle^a \\ &= U^a \cap A = U^a \end{aligned}$$

ただし，$\langle U \cap A \rangle^a$ は $(A, \boldsymbol{O}(A))$ における閉包である．よって，$(A, \boldsymbol{O}(A))$ は局所コンパクトである．

A が閉集合の場合：$\forall x \in A$ に対して，定理 3.30 より，次が成り立つ：

$$\exists\, U \in \boldsymbol{O}\,(x \in U \subset U^a, U^a \text{ はコンパクト})$$

補題 3.1 (2) より，

$$\langle U \cap A \rangle^a = (U \cap A)^a$$

であり，命題 3.6 より，$\langle U \cap A \rangle^a$ はコンパクトである．この結果，x の A における開近傍 $U \cap A$ が得られて，

$$x \in U \cap A \subset \langle U \cap A \rangle^a \subset A$$
$$\langle U \cap A \rangle^a \text{ はコンパクト}$$

が成り立ったから，$(A, \boldsymbol{O}(A))$ は局所コンパクトである． ◆

問 題

3.32 次が成り立つことを証明しなさい．

$(X, \boldsymbol{O}(X)), (Y, \boldsymbol{O}(Y))$ が局所コンパクトな位相空間

$\Leftrightarrow$ 直積空間 $(X \times Y, \boldsymbol{O}(X) \times \boldsymbol{O}(Y))$ が局所コンパクトな位相空間

局所連結性 位相空間 $(X, \boldsymbol{O})$ が**局所連結** (locally connected) であるとは，各点 $x \in X$ に対して連結な開近傍からなる基本近傍系が存在する場合をいう．

例 3.16 ユークリッド空間 $(\mathbb{R}^n, \boldsymbol{O}_n)$ は局所連結である．実際，各点 $x \in \mathbb{R}^n$ について，$\{N(x; 1/m) | m \in \mathbb{N}\}$ は連結開近傍からなる基本近傍系である．

例 3.17 例 3.13 で示した連結空間 $X \subset \mathbb{R}^2$ は局所連結ではない．実際，A 上の任意の点 a と任意の $\varepsilon > 0$ について，開近傍 $N(a; \varepsilon)$ は連結ではない．

定理 3.33 位相空間 $(X, \boldsymbol{O})$ について，次の条件は同値である．

(1) $(X, \boldsymbol{O})$ は局所連結である．

(2) $\forall x \in X$ に対して，連結な近傍からなる x の基本近傍系が存在する．

(3) 開集合 $A \subset X$ について，A の各連結成分は X の開集合である．

証明 〔(1)⇒(2) の証明〕 局所連結の定義から，明らかである．

〔(2)⇒(1) の証明〕 $\forall x \in X$ について，$D(x)$ を x の連結近傍からなる基本近傍系とする．$\forall V \in \boldsymbol{D}(x)$ に対して，$C(x, V)$ を部分空間 $(V^i, \boldsymbol{O}(V^i))$ における点 x を含む連結成分とする．V^i は開集合だから，$C(x, V) \subset V^i \subset X$ は x の連結な開近傍であり，$\{C(x, V) | V \in \boldsymbol{D}(x)\}$ は x の連結開近傍からなる基本近傍系となる．

〔(1)⇒(3) の証明〕 $C \subset A$ を連結成分とする．$\forall x \in C$ に対して，局所連結性から，x の連結開近傍 V が存在して，$x \in V \subset A$ を満たす．C と V は連結で $x \in C \cap V$ だから，例題 3.13 により $C \cup V \subset A$ は連結で，開集合である．例題 3.14 (1) より $C \cup V \subset C$ だから，$x \in V \subset C$ が成り立つ．よって，C は開集合である．

〔(3)⇒(1) の証明〕 $\forall x \in X$ と $\forall U \in \boldsymbol{No}(x)$ に対して，$C(x, U)$ を部分空間 $(U, \boldsymbol{O}(U))$ における点 x を含む連結成分とする．仮定より $C(x, U)$ は X の開集合で，問題 3.31 より X で連結である．よって，$C(x, U)$ は x の連結開近傍である．◆

この定理 3.33 と系 3.6 から，次が得られる：

系 3.7 位相空間 $(X, \boldsymbol{O})$ が局所連結ならば，X の各連結成分は開集合でありかつ閉集合である． ◆

例題 3.17

$(X, \boldsymbol{O})$ を局所連結な位相空間とする．部分集合 $A \subset X$ が開集合ならば，部分空間 $(A, \boldsymbol{O}(A))$ も局所連結である．

証明 $\forall x \in A$ について，U を x の $(A, \boldsymbol{O}(A))$ における開近傍とする．$A \in \boldsymbol{O}$ だから，$U \in \boldsymbol{O}$ である．仮定から，x の X における連結開近傍 V が存在して，$x \in V \subset U$ を満たす．このとき，問題 3.31 により，V は A における連結開近傍でもあるから，$(A, \boldsymbol{O}(A))$ は局所連結である． ◆

問　題

3.33 次が成り立つことを証明しなさい．

$$\text{位相空間 } (X, \boldsymbol{O}(X)), (Y, \boldsymbol{O}(Y)) \text{ が局所連結}$$
$$\Leftrightarrow \quad \text{直積空間 } (X \times Y, \boldsymbol{O}(X) \times \boldsymbol{O}(Y)) \text{ が局所連結}$$

位相空間 $(X, \boldsymbol{O})$ が**局所弧状連結** (locally arcwise-connected) であるとは，各点 $x \in X$ に対して，弧状連結な開近傍からなる基本近傍系が存在する場合をいう．

また，定理 3.33 と同様にして，上の定義において,「弧状連結な開近傍」を「弧状連結な近傍」と置き換えても同値であることが証明される．

また，定理 3.29 により，局所弧状連結ならば，局所連結である．

例 3.18 ユークリッド空間 $(\mathbb{R}^n, \boldsymbol{O}_n)$ は局所弧状連結である．実際，各点 $x \in \mathbb{R}^n$ について，$\{N(x; 1/m) | m \in \mathbb{N}\}$ は弧状連結な開近傍からなる基本近傍系である．

例題 3.18

$(X, \boldsymbol{O})$ を局所弧状連結な位相空間とする．

(1) 開集合 $A \subset X$ について，A の各弧状連結成分は X の開集合である．

(2) 開集合 $A \subset X$ が連結ならば，A は弧状連結である．

証明 (1) $C \subset A$ を弧状連結成分とする．$\forall x \in C \subset A$ に対して，A が開集合だから，開近傍 $U \in \boldsymbol{No}(x)$ が存在して，$U \subset A$ を満たす．X が局所弧状連結だから，弧状連結な開近傍 V が存在して，$x \in V \subset U$ を満たす．$x \in V \cap C$ だから，系 3.5 により，$V \cup C \subset A$ も弧状連結である．弧状連結成分の最大性から，$V \cup C = C$ が成り立ち，$V \subset C$ である．よって，C は開集合である．

(2) A が弧状連結でないとすると，A は弧状連結な成分に分割される；

$$A = \bigcup_{\lambda \in \Lambda} C_\lambda,;\quad C_\lambda \cap C_\mu = \varnothing (\lambda \neq \mu);\quad C_\lambda \text{ は弧状連結.}$$

(1) より，各 C_λ は X の開集合である．$U = C_1, V = \bigcup C_\mu$ とおくと，U と V は X の開集合で，

$$U \cup V \supset A, \quad U \cap V = \varnothing, \quad U \cap A \neq \varnothing \neq V \cap A$$

が成り立つ．これは，U と V が A を分割する開集合であることを示すから，A が連結であることに反する．よって，A は弧状連結である． ◆

系 3.8 位相空間 $(X, \boldsymbol{O})$ が連結で局所弧状連結ならば，弧状連結である．

問題解答

第2章

2.1節　ユークリッド空間

2.1 (31p.)　(1)　f, g がともに点 $a \in \mathbb{R}^n$ で連続であるから，次が成立する：

$$\forall \varepsilon > 0, \exists \delta_1 > 0 (\forall x \in \mathbb{R}^n, \| x - a \| < \delta_1 \Rightarrow \| f(x) - f(a) \| < \varepsilon/2),$$
$$\forall \varepsilon > 0, \exists \delta_2 > 0 (\forall x \in \mathbb{R}^n, \| x - a \| < \delta_2 \Rightarrow \| g(x) - g(a) \| < \varepsilon/2)$$

そこで，$\delta = \min\{\delta_1, \delta_2\}$ とすると，$\forall x \in \mathbb{R}^n$ について，

$$\begin{aligned} \| ((f+g)(x) - (f+g)(a) \| &= \| (f(x) + g(x)) - (f(a) + g(a)) \| \\ &= \| (f(x) - f(a)) + (g(x) - g(a)) \| \\ &\leqq \| f(x) - f(a) \| + \| g(x) - g(a) \| \\ &= \varepsilon/2 + \varepsilon/2 = \varepsilon \end{aligned}$$

が成り立つ．これは，$f+g$ が点 a で連続であることを示す．

(2)　$c = 0$ の場合：cf は原点 $\mathrm{O} \in \mathbb{R}^m$ に値をもつ定値写像である；$\forall x \in \mathbb{R}^n (cf(x) = \mathrm{O})$．$\forall \varepsilon > 0$ に対して，

$$\forall x \in \mathbb{R}^n (\| cf(x) - cf(a) \| = \| \mathrm{O} - \mathrm{O} \| = 0$$

が成り立つので，cf は a で連続である．

$c \neq 0$ の場合：f が点 $a \in \mathbb{R}^n$ で連続であるから，

$$\forall \varepsilon > 0, \exists \delta > 0 (\forall x \in \mathbb{R}^n, \| x - a \| < \delta \Rightarrow \| f(x) - f(a) \| < \varepsilon/|c|)$$

が成り立つ．この $\varepsilon > 0$ と $\delta > 0$ について，

$\forall x \in \mathbb{R}^n, \| x - a \| < \delta$ ならば，

$$\begin{aligned} \| (cf)(x) - (cf)(a) \| &= \| cf(x) - cf(a) \| \\ &\leqq |c| \| f(x) - f(a) \| \\ &< |c| \cdot \varepsilon/|c| = \varepsilon \end{aligned}$$

となる．これは，cf が点 a で連続であることを示す．

2.2 節　距離空間

2.2 (34p.)　[D1]　$\forall i \in \{1, 2, \cdots, n\} \, (|x_i - y_i| \geqq 0)$ が成り立つので，$d_1(x, y) \geqq 0$ である．

$$\begin{aligned} d_1(x, y) = 0 &\Leftrightarrow \forall i \in \{1, 2, \cdots, n\}(|x_i - y_i| = 0) \\ &\Leftrightarrow \forall i \in \{1, 2, \cdots, n\}(x_i = y_i) \\ &\Leftrightarrow x = y \end{aligned}$$

[D2]　
$$\begin{aligned} d_1(x, y) &= |x_1 - y_1| + |x_2 - y_2| + \cdots + |x_n - y_n| \\ &= |y_1 - x_1| + |y_2 - x_2| + \cdots + |y_n - x_n| \\ &= d_1(y, x) \end{aligned}$$

[D3]　第 3 の点を $z = (z_1, z_2, \cdots, z_n)$ とすると，

$$\begin{aligned} d_1(x, z) &= |x_1 - z_1| + |x_2 - z_2| + \cdots + |x_n - z_n| \\ &= |x_1 - y_1 + y_1 - z_1| + |x_2 - y_2 + y_2 - z_2| \\ &\quad + \cdots + |x_n - y_n + y_n - z_n| \\ &\leqq |x_1 - y_1| + |y_1 - z_1| + |x_2 - y_2| + |y_2 - z_2| \\ &\quad + \cdots + |x_n - y_n| + |y_n - z_n| \\ &= \{|x_1 - y_1| + |x_2 - y_2| + \cdots + |x_n - y_n|\} \\ &\quad + \{|y_1 - z_1| + |y_2 - z_2| + \cdots + |y_n - z_n|\} \\ &= d_1(x, y) + d_1(y, z) \end{aligned}$$

2.3 (35p.)　直前の例 2.5 で記したように，$C[a, b]$ の元はすべて有界な関数であるから，関数 d_s が定義される．実際，正の数 $M_f, M_g \in \mathbb{R}$ が存在して，

$$\sup\{|f(x)| \, | \, a \leqq x \leqq b\} \leqq M_f$$
$$\sup\{|g(x)| \, | \, a \leqq x \leqq b\} \leqq M_g$$

が成り立つから，

$$\begin{aligned} &\sup\{|f(x) - g(x)| \, | \, a \leqq x \leqq b\} \\ &\quad \leqq \sup\{|f(x)| \, | \, a \leqq x \leqq b\} + \sup\{|g(x)| \, | \, a \leqq x \leqq b\} \\ &\quad \leqq M_f + M_g \end{aligned}$$

が得られる．よって，関数 d_s が定まる．

距離の公理 [D1]，[D2] が成り立つことは明らかであるから，[D3] のみを証明す

る．$f, g, h \in C[a,b]$ に対して，

$$\begin{aligned} d_s(f,h) &= \sup\{|f(x)-h(x)| \mid a \leqq x \leqq b\} \\ &= \sup\{|f(x)-g(x)+g(x)-h(x)| \mid a \leqq x \leqq b\} \\ &\leqq \sup\{|f(x)-g(x)|+|g(x)-h(x)| \mid a \leqq x \leqq b\} \\ &\leqq \sup\{|f(x)-g(x)| \mid a \leqq x \leqq b\} + \sup\{|g(x)-h(x)| \mid a \leqq x \leqq b\} \\ &= d_s(f,g)+d_s(g,h) \end{aligned}$$

2.4 (38p.) $(x_1,y_1),(x_2,y_2),(x_3,y_3) \in X \times Y$ とする．

(1) [D1] $d_X(x_1,x_2) \geqq 0, d_Y(y_1,y_2) \geqq 0$ であるから，

$$\begin{aligned} &d_1((x_1,y_1),(x_2,y_2)) \\ &\quad = \max\{d_X(x_1,x_2), d_Y(y_1,y_2)\} \geqq 0 \end{aligned}$$

$$\begin{aligned} d_1((x_1,y_1),(x_2,y_2)) = 0 &\Leftrightarrow d_X(x_1,x_2)=0 \wedge d_Y(y_1,y_2)=0 \\ &\Leftrightarrow x_1=x_2 \wedge y_1=y_2 \\ &\Leftrightarrow (x_1,y_1)=(x_2,y_2) \end{aligned}$$

[D2] $$\begin{aligned} d_1((x_1,y_1),(x_2,y_2)) &= \max\{d_X(x_1,x_2), d_Y(y_1,y_2)\} \\ &= \max\{d_X(x_2,x_1\}, d_Y(y_2,y_1)\} \\ &= d_1((x_2,y_2),(x_1,y_1)). \end{aligned}$$

[D3] $d_1((x_1,y_1),(x_3,y_3)) = \max\{d_X(x_1,x_3), d_Y(y_1,y_3)\}$

だから，$d_X(x_1,x_3) \geqq d_Y(y_1,y_3)$ としてよい（$d_Y(y_1,y_3) \geqq d_X(x_1,x_3)$ の場合も同様に証明される）．よって，

$$\begin{aligned} &d_1((x_1,y_1),(x_3,y_3)) = d_X(x_1,x_3) \\ &\quad \leqq d_X(x_1,x_2)+d_X(x_2,x_3) \\ &\quad \leqq \max\{d_X(x_1,x_2), d_Y(y_1,y_2)\} + \max\{d_X(x_2,x_3), d_Y(y_2,y_3)\} \\ &\quad = d_1((x_1,y_1),(x_2,y_2)) + d_1((x_2,y_2),(x_3,y_3)) \end{aligned}$$

(2) [D1] $d_2((x_1,y_1),(x_2,y_2) = d_X(x_1,x_2)+d_Y(y_1,y_2) \geqq 0.$

$$\begin{aligned} &d_2((x_1,y_1),(x_2,y_2)) = d_X(x_1,x_2)+d_Y(y_1,y_2)=0 \\ &\quad \Leftrightarrow d_X(x_1,x_2)=0 \wedge d_Y(y_1,y_2)=0 \\ &\quad \Leftrightarrow x_1=x_2 \wedge y_1=y_2 \\ &\quad \Leftrightarrow (x_1,y_1)=(x_2,y_2) \end{aligned}$$

$$\begin{aligned}[\mathrm{D2}]\quad d_2((x_1,y_1),(x_2,y_2)) &= d_X(x_1,x_2)+d_Y(y_1,y_2)\\ &= d_X(x_2,x_1)+d_Y(y_2,y_1)\\ &= d_2((x_2,y_2),(x_1,y_1))\end{aligned}$$

$$\begin{aligned}[\mathrm{D3}]\quad & d_2((x_1,y_1),(x_3,y_3)) = d_X(x_1,x_3)+d_Y(y_1,y_3)\\ &\leqq \{d_X(x_1,x_2)+d_X(x_2,x_3)\}+\{d_Y(y_1,y_2)+d_Y(y_2,y_3)\}\\ &= \{d_X(x_1,x_2)+d_Y(y_1,y_2)\}+\{d_X(x_2,x_3)+d_Y(y_2,y_3)\}\\ &= d_2((x_1,y_1),(x_2,y_2))+d_2((x_2,y_2),(x_3,y_3))\end{aligned}$$

2.5 (38p.) [D1] $d(x,y) \geqq 0$ より，$d'(x,y) = d(x,y)/\{1+d(x,y)\} \geqq 0$.

$$\begin{aligned} & d'(x,y) = d(x,y)/\{1+d(x,y)\} = 0\\ \Leftrightarrow\quad & d(x,y) = 0\\ \Leftrightarrow\quad & x = y\end{aligned}$$

$$\begin{aligned}[\mathrm{D2}]\quad d'(x,y) &= d(x,y)/\{1+d(x,y)\}\\ &= d(y,x)/\{1+d(y,x)\} = d'(y,x)\end{aligned}$$

[D3] の証明のために，少々の準備をする．実変数の関数 $f(t) = t/(1+t)$ は，$f'(t) = 1/(1+t)^2$ だから，$t \geqq 0$ の範囲で単調増加である．しかも，$a \geqq 0, b \geqq 0$ について，

$$\frac{a}{1+a}+\frac{b}{1+b}-\frac{a+b}{1+(a+b)} = \frac{a+2ab+b}{(1+a)(1+b)(1+a+b)} \geqq 0$$

であるから，$f(a)+f(b) \geqq f(a+b)$ が成立する．これらの事実を用いて，[D3] を示す：$x, y, z \in X$ について，

$$\begin{aligned} d'(x,z) &= d(x,z)/\{1+d(x,z)\}\\ &\leqq \{d(x,y)+d(y,z)\}/\{1+d(x,y)+d(y,z)\}\\ &\leqq d(x,y)/\{1+d(x,y)\}+d(y,z)/\{1+d(y,z)\}\\ &= d'(x,y)+d'(y,z)\end{aligned}$$

2.6 (38p.) (1) [D1] $d_1(x,y) = |x^3-y^3| \geqq 0$.

$$\begin{aligned} d_1(x,y) = |x^3-y^3| = 0 \ \Leftrightarrow\ & x^3 = y^3\\ \Leftrightarrow\ & x = y\end{aligned}$$

[D2] $d_1(x,y) = |x^3-y^3| = |y^3-x^3| = d_1(y,x)$

[D3] $d_1(x,z) = |x^3 - z^3| = |x^3 - y^3 + y^3 - z^3|$
$$\leqq |x^3 - y^3| + |y^3 - z^3|$$
$$= d_1(x,y) + d_1(y,z)$$

ゆえに，d_1 は距離関数である．

(2) 2 点 $1, -1 \in \mathbb{R}$ について，$1 \neq -1$ であるが，$d_2(1,-1) = 0$ であるから，d_2 は距離関数ではない．

2.7 (38p.) (1) 2 点 $(1,1), (1,2) \in \mathbb{R}^2$ について，$(1,1) \neq (1,2)$ であるが，$d_1((1,1),(1,2)) = 0$ であるから，d_1 は距離関数ではない．

(2) [D1] $d_2((x_1,y_1),(x_2,y_2)) = \alpha|x_1 - x_2| + \beta|y_1 - y_2| \geqq 0.$
$$d_2((x_1,y_1),(x_2,y_2)) = \alpha|x_1 - x_2| + \beta|y_1 - y_2| = 0$$
$$\Leftrightarrow |x_1 - x_2| = 0 \wedge |y_1 - y_2| = 0$$
$$\Leftrightarrow x_1 = x_1 \wedge y_1 = y_2$$
$$\Leftrightarrow (x_1,y_1) = (x_2,y_2)$$

[D2] $d_2((x_1,y_1),(x_2,y_2)) = \alpha|x_1 - x_2| + \beta|y_1 - y_2|$
$$= \alpha|x_2 - x_1| + \beta|y_2 - y_1|$$
$$= d_2((x_2,y_2),(x_1,y_1))$$

[D3] $d_2((x_1,y_1),(x_3,y_3))$
$$= \alpha|x_1 - x_3| + \beta|y_1 - y_3|$$
$$= \alpha|x_1 - x_2 + x_2 - x_3| + \beta|y_1 - y_2 + y_2 - y_3|$$
$$\leqq \alpha\{|x_1 - x_2| + |x_2 - x_3|\} + \beta\{|y_1 - y_2| + |y_2 - y_3|\}$$
$$= \{\alpha|x_1 - x_2| + \beta|y_1 - y_2|\} + \{\alpha|x_2 - x_3| + \beta|y_2 - y_3|\}$$
$$= d_2((x_1,y_1),(x_2,y_2)) + d_2((x_2,y_2),(x_3,y_3))$$

ゆえに，d_2 は距離関数である．

2.3 節 距離空間の開集合・閉集合

2.8 (40p.) 任意の点 $y \in X - \{x\}$ について，$\varepsilon = d(y,x) > 0$ とおけば，
$$N(y;\varepsilon) \cap \{x\} = \varnothing \quad \text{つまり} \quad N(y;\varepsilon) \subset X - \{x\}$$
が成り立つ．

2.9 (41p.) 問題 2.8 より，$X - \{x\}$ が開集合であるから，$\{x\}$ は閉集合である．

2.10 (41p.) 定義より，
$$X - D(a;r) = \{x \in X \,|\, d(x,a) > r\}$$
である．任意の点 $x \in X - \{a\}$ に対して，$\varepsilon = d(x,a) - r > 0$ とおく．このとき，

任意の点 $y \in N(x;\varepsilon)$ について，$d(x,y) < \varepsilon$ であることに注意すると，三角不等式より，

$$d(a,y) \geqq d(a,x) - d(x,y) > d(a,x) - \varepsilon = r$$

が成り立つ．よって，$y \in X - D(a;r)$，したがって，$N(x;\varepsilon) \subset X - D(a;r)$ が成り立つ．点 x は任意であったから，$X - D(a;r)$ は開集合である．よって，$D(a;r)$ は閉集合である．

2.11 (44p.) $A^f = X - (A^i \cup A^e)$ であり，A^i と A^e はともに開集合であるから，定理 2.9 の [O3] により，$A^i \cup A^e$ も開集合である．よって，A^f は閉集合である．

2.12 (46p.) 〔$A^a \subset B^a$ の証明〕 $x \in A^a$ ならば，定義より，任意の $\varepsilon > 0$ について，$N(x;\varepsilon) \cap A \neq \varnothing$ が成立する．ところで，$A \subset B$ だから，$N(x;\varepsilon) \cap A \subset N(x;\varepsilon) \cap B \neq \varnothing$，よって，$x \in B^a$．

〔$A^d \subset B^d$ の証明〕 $x \in A^d$ ならば，定義より，任意の $\varepsilon > 0$ について，

$$N(x;\varepsilon) \cap (A - \{x\}) \neq \varnothing$$

が成立する．ところで，$A \subset B$ だから，$A - \{x\} \subset B - \{x\}$ でもあるので，$N(x;\varepsilon) \cap (A - \{x\}) \subset N(x;\varepsilon) \cap (B - \{x\}) \neq \varnothing$．よって，$x \in B^d$．

2.13 (47p.) 三角不等式より，次が成り立つ：

$$\forall a \in A,\ \forall b \in B(d(a,b) \leqq d(x,a) + d(x,b))$$

$$\therefore \quad \mathrm{dist}(A,B) = \inf\{d(a,b) | a \in A,\ b \in B\} \leqq d(x,a) + d(x,b)$$

よって，$\mathrm{dist}(A,B) - d(x,b)$ は集合 $\{d(x,a) | a \in A\}$ の下界の 1 つである．

$$\therefore \quad \mathrm{dist}(A,B) - d(x,b) \leqq \inf\{d(x,a) | a \in A\} = \mathrm{dist}(x,A)$$

よって，$\mathrm{dist}(A,B) - \mathrm{dist}(x,A)$ は集合 $\{d(x,b) | b \in B\}$ の下界の 1 つである．

$$\therefore \quad \mathrm{dist}(A,B) - \mathrm{dist}(x,A) \leqq \inf\{d(x,b) | b \in B\} = \mathrm{dist}(x,B)$$

$$\therefore \quad \mathrm{dist}(A,B) \leqq \mathrm{dist}(x,A) + \mathrm{dist}(x,B)$$

2.4 節　距離空間上の連続写像

2.14 (49p.) 例題 2.3 (1) より，$|f(x) - f(y)| \leqq d(x,y)$ が成り立つので，f は連続である．実際，$\forall a \in X$ と $\forall \varepsilon > 0$ に対して，$\delta = \varepsilon$ とすれば，

$$\forall x \in X, d(x,a) < \delta \quad \Rightarrow \quad |f(x) - f(a)| \leqq \varepsilon$$

が成り立つ．

2.15 (51p.) f_A, f_B は連続写像であるから，定理 2.13 より，閉集合 $F \subset Y$ について，$f_A^{-1}(F) = f^{-1}(F) \cap A$ は A の閉集合で，$f_B^{-1}(F) = f^{-1}(F) \cap B$ は B の閉集合である．補題 2.2 より，X の閉集合 V, W が存在して，$f_A^{-1}(F) = A \cap V, f_B^{-1}(F) = B \cap W$ となる．A, B は X の閉集合だから，定理 2.10 (3) によ

り，$f_A^{-1}(F)$ と $f_B^{-1}(F)$ は X の閉集合である．したがって，定理 2.10 (2) により，$f^{-1}(F) = f_A^{-1}(F) \cup f_B^{-1}(F)$ も X の閉集合である．定理 2.13 により，f は連続写像である．

2.16 (52p.) 問題 2.1 と本質的に同じなので，省略する．

2.17 (49p.) $x, y \in A \cup B$ に対して，$x \in A$, $y \in B$ であるとする．$a \in A$, $b \in B$ に対して，次の式が成り立つ：

$$\begin{aligned} d(x,y) &\leqq d(x,a) + d(a,b) + d(b,y) \\ &\leqq \mathrm{diam}(A) + d(a,b) + \mathrm{diam}(B) \\ \therefore \quad d(x,y) &\leqq \mathrm{diam}(A) + \inf\{d(a,b) \,|\, a \in A, b \in B\} + \mathrm{diam}(B) \\ &= \mathrm{diam}(A) + \mathrm{dist}(A,B) + \mathrm{diam}(B) \\ \therefore \quad \mathrm{diam}&(A \cup B) \leqq \mathrm{diam}(A) + \mathrm{diam}(B) + \mathrm{dist}(A,B) \end{aligned}$$

2.5 節　距離空間のコンパクト性

2.18 (54p.) (1) 点列〔x_i〕が α と β に収束し，$\alpha \neq \beta$ であるとする．$\varepsilon = d(\alpha,\beta)/2$ に対して，収束の定義から，次が成り立つ：

$$\exists N_1 \in \mathbb{N}\,(\forall n \in \mathbb{N}, n \geqq N_1 \Rightarrow d(x_n, \alpha) < \varepsilon)$$

$$\exists N_2 \in \mathbb{N}\,(\forall n \in \mathbb{N}, n \geqq N_2 \Rightarrow d(x_n, \beta) < \varepsilon)$$

ここで，$N = \max\{N_1, N_2\}$ とおくと，$d(x_N, \alpha) < \varepsilon, d(x_N, \beta) < \varepsilon$ である．

$$\therefore \quad d(\alpha,\beta) \leqq d(\alpha, x_N) + d(x_N, \beta) < \varepsilon + \varepsilon = d(\alpha,\beta)$$

となるが，これは矛盾である．よって，$\alpha = \beta$ でなければならない．

(2) $x_i \to \alpha (i \to \infty)$ であるから，次が成り立つ：

$$\forall \varepsilon > 0, \exists\, N \in \mathbb{N}\,(\forall k \in \mathbb{N}, k \geqq N \Rightarrow d(x_k, \alpha) < \varepsilon)$$

ところが，部分列の定義より，$\iota(i) \to \infty\,(i \to \infty)$ であるから，

$$\exists\, N_0 \in \mathbb{N}\,(\forall h \in \mathbb{N}, h \geqq N_0 \Rightarrow \iota(h) \geqq N)$$

が成り立つ．したがって，同じ $\varepsilon > 0$ に対して，

$$\exists N_0 \in \mathbb{N}\,(\forall h \in \mathbb{N}, h \geqq N_0 \Rightarrow d(x_{\iota(h)}, \alpha) < \varepsilon)$$

が成り立つ．これは，$x_{\iota(i)} \to \alpha\,(i \to \infty)$ を示す．

2.19 (54p.) $x_i \to \alpha\,(i \to \infty)$ とすると，$(\varepsilon =)\ 1$ に対して，$N \in \mathbb{N}$ が存在して，$\forall k \geqq N$ に対して，$d(x_k, \alpha) < 1$ が成り立つ．そこで，

$$M = \max\{d(x_1,\alpha), d(x_2,\alpha), \cdots, d(x_N,\alpha), 1\}$$

とおけば，任意の $i \in \mathbb{N}$ について，$d(x_i, \alpha) \leqq M$ が成り立つ．

2.20 (57p.) 直方体 $[a_1, b_1] \times [a_2, b_2] \times \cdots \times [a_n, b_n]$ を D で表すことにする．〔x_i〕を D の点列とする．各区間 $[a_k, b_k]$ を 2 等分する；

$$[a_k, b_k] = [a_k, (a_k + b_k)/2] \cup [(a_k + b_k)/2, b_k] \quad (k = 1, 2, \cdots, n)$$

すると直方体 D は，各辺の長さが半分の 2^n 個の直方体に分割される．これらのなかに，〔x_i〕の部分列を含むものが少なくとも 1 つ存在する；その 1 つを

$$D_1 = [a_{11}, b_{11}] \times [a_{21}, b_{21}] \times \cdots \times [a_{n1}, b_{n1}]$$

とし，D_1 から部分列の項を 1 つ選んで $x_{\iota(1)}$ とする．

次に各区間 $[a_{k1}, b_{k1}]$ を 2 等分する；

$$[a_{k1}, b_{k1}] = [a_{k1}, (a_{k1} + b_{k1})/2] \cup [(a_{k1} + b_{k1})/2, b_{k1}]$$

すると直方体 D_1 は 2^n 個の直方体に分割されるが，これらのなかには〔x_i〕の部分列を含むものが少なくとも 1 つ存在する；その 1 つを

$$D_2 = [a_{12}, b_{12}] \times [a_{22}, b_{22}] \times \cdots \times [a_{n2}, b_{n2}]$$

とし，D_2 から部分列の項 $x_{\iota(2)}$ を $\iota(1) < \iota(2)$ となるように選ぶ．

この操作を反復することにより，直方体の列 $D_1 \supset D_2 \supset \cdots \supset D_i \supset D_{I+1} \supset \cdots$ と，部分列〔$x_{\iota(i)}$〕を得る．この直方体の n 個の辺（閉区間）の列

$$[a_{k1}, b_{k1}] \supset [a_{k2}, b_{k2}] \supset \cdots \supset [a_{ki}, b_{ki}] \supset [a_{k,i+1}, b_{k,i+1}] \supset \cdots \quad (k = 1, 2, \cdots, n)$$

については，作り方より，

$$b_{ki} - a_{ki} = (b_k - a_k)(1/2)^i$$

であるから，$\lim_{i \to \infty} (b_{ki} - a_{ki}) = 0$ である．カントールの区間縮小定理により，

$$\exists\,!\,\alpha_k \in \cap [a_{ki}, b_{ki}] \ (k = 1, 2, \cdots, n)$$

このとき，$\alpha = (\alpha_1, \alpha_2, \cdots, \alpha_n) \in D$ とすると，

$$\lim_{i \to \infty} a_{ki} = \lim_{i \to \infty} b_{ki} = \alpha_k$$

であるから，

$$x_{\iota(i)} \to \alpha \ (i \to \infty)$$

が成立する．これで，$\alpha \in D$ に収束する部分列が得られたので，直方体 D は点列コンパクトである．

2.21 (57p.) (1) 〔x_i〕を $A \cup B$ の点列とすると，A と B の少なくとも一方は〔x_i〕の部分列を含む．A が含む場合，仮定からこの部分列の部分列で，A の点 α に収束するものが存在する．$\alpha \in A \subset A \cup B$ である．B が含む場合も同様である．

(2) 〔x_i〕を $A \cap B$ の点列とすると，これは A の点列であるから，点 $\alpha \in A$ が存在して，α に収束する部分列〔$x_{\iota(i)}$〕を含む．ところが〔$x_{\iota(i)}$〕は B の点列であるから，仮定より，この部分列〔$x_{\kappa(i)}$〕で，B のある点 β に収束するものが存在する．問題 2.16 (2) より，$\alpha = \beta$ であり，$\alpha = \beta \in A \cap B$ である．

2.22 (62p.) 問題 2.19 の解答を参考に，直方体を 2^n 個の直方体に分割し，ヒントにしたがって証明する．証明は省略する．

2.6 節　距離空間の連結性

2.23 (71p.) (1) $\sqrt{2}$ は無理数なので，$\sqrt{2} \notin \mathbb{Q}$．ここで，$U = (-\infty, \sqrt{2}), V = (\sqrt{2}, \infty)$ とすると，これらは $\mathbb{R}^1$ の開集合である（例 1.4）．また，次が成り立つ：

$$U \cup V = \mathbb{R}^1 - \{\sqrt{2}\}, \quad U \cap V = \varnothing$$

ところで，
$$0 \in \mathbb{Q} \text{ かつ } 0 \in U \text{ であるから，} \mathbb{Q} \cap U \neq \varnothing,$$
$$2 \in \mathbb{Q} \text{ かつ } 2 \in V \text{ であるから，} \mathbb{Q} \cap V \neq \varnothing.$$

よって，U, V は $\mathbb{Q}$ を分離する開集合である．

(2) 0 は有理数なので，$0 \notin \mathbb{Q}^c$．そこで，$U = (-\infty, 0), V = (0, \infty)$ とすると，これらは $\mathbb{R}^1$ の開集合である（例 1.4）．また，次も成り立つ：

$$U \cup V = \mathbb{R}^1 - \{0\}, \quad U \cap V = \varnothing$$

ところで，
$$\sqrt{2} \in \mathbb{Q}^c \text{ かつ } \sqrt{2} \in V \text{ であるから，} \mathbb{Q}^c \cap V \neq \varnothing,$$
$$-\sqrt{2} \in \mathbb{Q}^c \text{ かつ } -\sqrt{2} \in U \text{ であるから，} \mathbb{Q}^c \cap U \neq \varnothing.$$

よって，U, V は無理数の全体 $\mathbb{Q}^c$ を分離する開集合である．

第 3 章

3.1 節　開集合・位相・位相空間

3.1 (82p.) (1) 任意の点 $x \in X$ について，$N(x; 1/2) = \{x\}$ であるから，$\{x\} \in \boldsymbol{O}_d(X)$，つまり，任意の 1 点集合は開集合である．したがって，位相の公理 [O3] により，任意の部分集合 $A \subset X$ について，$A = \bigcup \{x\} \in \boldsymbol{O}_d(X)$ が成立する．つまり，$\boldsymbol{O}_d(X) = 2^X$ であり，離散位相であることを示す．

(2) $X = \{a, b\}$ とする．X 上のある距離関数を d とすると，距離の公理 [D1] により，$d(a, b) > 0$ である．任意の実数 ε，$0 < \varepsilon < d(a, b)$，について，$N(a; \varepsilon) = \{a\} \in \boldsymbol{O}_d(X)$．$\{a\} \neq X$ だから，$\boldsymbol{O}_d(X)$ は密着位相にはなり得ない．（一般に，密着位相が距離化可能であるのは，1 点集合の場合に限り，2 点以上の点を含む集合上の密着位相はすべて距離化不可能である．）

3.2 (83p.) 全部で 29 個の位相がある．求める位相には $\varnothing$ と X が必ず含まれる．

(1) 密着位相 $\boldsymbol{O}_0 = \{\varnothing, X\}$ $\cdots$ 1 個

(2) $\boldsymbol{O}_0 \cup \{\{i\}\} \quad (i = 1, 2, 3)$ $\cdots$ 3 個

(3) $\boldsymbol{O}_0 \cup \{\{i, j\} | i \neq j\}$ $\cdots$ 3 個

(4) $\boldsymbol{O}_0 \cup \{\{i\}\} \cup \{\{i, j\} | i \neq j\}$ $\cdots$ 6 個

(5) $\boldsymbol{O}_0 \cup \{\{i\}, \{j\} | i \neq j\} \cup \{\{i, j\} | i \neq j\}$ $\cdots$ 3 個

(6) $\boldsymbol{O}_0 \cup \{\{i\}\} \cup \{\{j, k\} | j \neq k, j \neq i \neq k\}$ $\cdots$ 3 個

(7) $\boldsymbol{O}_0 \cup \{\{i\}\} \cup \{\{i, j\}, \{i, k\} | j \neq k, j \neq i \neq k\}$ $\cdots$ 3 個

(8) $\boldsymbol{O}_0 \cup \{\{i\}, \{j\} | i \neq j\} \cup \{\{i, j\}, \{i, k\} | j \neq k, j \neq i \neq k\}$ $\cdots$ 6 個

(9) 離散位相（X の 8 個の部分集合すべてを書き上げてごらん.） $\cdots$ 1 個

3.3 (87p.) 定理 3.2 で示したように，部分集合の開核は開集合である．部分集合 $A \subset X$ の外部は，定義より，補集合 $A^c \subset X$ の開核であるから，開集合である．

開核，外部，境界の定義より，$A^f = X - (A^i \cup A^e)$ である．A^i, A^e はともに開集合であり，位相の公理 [O3] より，$A^i \cup A^e$ も開集合であるから，境界 A^f は閉集合である．

3.4 (87p.) 内点の定義から明らかであるが，きちんと書いてみる．$\boldsymbol{U} = \{U_\lambda \in \boldsymbol{O} | U_\lambda \subset A, \lambda \in \Lambda\}$ とする．

〔$A^i \subset \bigcup U_\lambda$ の証明〕 $\forall x \in A^i$ について，定義より，$\exists\, U \in \boldsymbol{No}(x)(U \subset A)$ であるが，$x \in U \in \boldsymbol{O}$ であるから，$U \in \boldsymbol{U}$ である．よって，$x \in \bigcup U_\lambda$.

〔$A^i \supset \bigcup U_\lambda$ の証明〕 $\forall x \in \bigcup U_\lambda$ に対して，$\exists\, \mu \in \Lambda(x \in U_\mu)$．ところが，$U_\mu \in \boldsymbol{O}$ だから，$\exists\, U \in \boldsymbol{No}(x) \subset \boldsymbol{O}(x \in U \subset U_\lambda)$．よって，$x \in A^i$.

3.5 (87p.) 近傍系 $\boldsymbol{N}(x)$ の定義から明らかである．実際，$N \in \boldsymbol{N}(x)$ について，$N^i \in \boldsymbol{No}(x)$ であるから，N を N^i に取り替える作業を 1 つ加えるとよい．

3.6 (89p.) 問題 2.12 と本質的に同じである．「$\forall \varepsilon > 0$ について $N(x; \varepsilon) \cdots$」の部分を「$\forall U \in \boldsymbol{No}(x) \cdots$」に置き換えるとよい．

〔$A^a \subset B^a$ の証明〕 $x \in A^a$ ならば，定義より，$\forall U \in \boldsymbol{No}(x)$ について，$U \cap A \neq \varnothing$ が成立する．ところで，$A \subset B$ だから，$U \cap A \subset U \cap B \neq \varnothing$．よって，$x \in B^a$.

〔$A^d \subset B^d$ の証明〕 $x \in A^d$ ならば，定義より，$\forall U \in \boldsymbol{No}(x)$ について，$U \cap (A - \{x\}) \neq \varnothing$ が成立する．ところで，$A \subset B$ より，$A - \{x\} \subset B - \{x\}$ だから，$U \cap (A - \{x\}) \subset U \cap (B - \{x\}) \neq \varnothing$．よって，$x \in B^d$.

3.7 (89p.) 基本的に問題 3.4 と同じで，閉包の定義と定理 3.3 より明らかである．

$F = \{F_\lambda \in \boldsymbol{A}(X) \,|\, F_\lambda \supset A, \lambda \in \Lambda\}$ とする．

〔$A^a \subset \bigcap F_\lambda$ の証明〕 $\forall x \in A^a$ について，定義より，$\forall U \in \boldsymbol{No}(x)(U \cap A \neq \varnothing)$ が成立する．$\forall \lambda \in \Lambda$ について，$F_\lambda \supset A$ であるから，$U \cap F_\lambda \neq \varnothing$ が成立し，$x \in (F_\lambda)^a$ であるが，F_λ が閉集合であることから，$x \in F_\lambda$ が成り立つ．よって，$x \in \bigcap F_\lambda$ である．

〔$A^a \supset \bigcap F_\lambda$ の証明〕 定理 3.3 (1) より，$A^a \in \boldsymbol{F}$ であるから，自明である．

3.8 (89p.) 近傍系 $\boldsymbol{N}(x)$ の定義から明らかである．実際，$N \in \boldsymbol{N}(x)$ について，$N^i \in \boldsymbol{No}(x)$ であるから，$\boldsymbol{N}$ を $\boldsymbol{N}^i$ に取り替える作業を 1 つ加えるとよい．

3.2 節　位相空間上の連続写像

3.9 (92p.) $\Leftrightarrow$ の両辺の定義を書いて，比べてみるとよい．

3.10 (93p.) 距離空間の場合の問題 2.14 と本質的に同じである．

3.11 (93p.) $\forall U \in \boldsymbol{O}(X)$ について，$i^{-1}(U) = U \cap A \in \boldsymbol{O}(A)$ であるから，定理 3.4 より，包含写像 i は連続である．なお，包含写像の特殊な場合として，恒等写像ももちろん連続写像である．

3.12 (94p.) (1) 任意の位相空間 X について，恒等写像 $I_X : X \to X$ は同相写像である．よって，$X \cong X$．（ここで，$\cong$ は同相を表す.）（反射律）

(2) 位相空間 X, Y について，$X \cong Y$ ならば，同相写像 $f : X \to Y$ が存在するが，定義より，逆写像 $f^{-1} : Y \to X$ も同相写像であるから，$Y \cong X$．（対称律）

(3) 位相空間 X, Y, Z について，$X \cong Y, Y \cong Z$ とすると，同相写像 $f : X \to Y,\ g : Y \to Z$ が存在するが，合成写像 $g \circ f : X \to Z$ も同相写像だから，$X \cong Z$．（推移律）

3.13 (94p.) (1) 写像 $f : (a,b) \to (c,d)$ を，次のように定義する：

$$\begin{aligned} f(x) &= \frac{b-x}{b-a} \cdot c + \frac{x-a}{b-a} \cdot d \\ &= \frac{(d-c)}{b-a} \cdot x + \frac{bc-ad}{b-a} \end{aligned}$$

すると，f は全単射である．実際，f の逆写像は，次式で与えられる：

$$\begin{aligned} f^{-1}(y) &= \frac{d-y}{d-c} \cdot a + \frac{y-c}{d-c} \cdot b \\ &= \frac{(b-a)}{d-c} \cdot y + \frac{ad-bc}{d-c} \end{aligned}$$

これらの写像が連続であることの証明は容易であるから，省略する．

(2)，(3) 上の (1) で与えた写像 f は，$f : [a,b] \to [c,d], f : (a,b] \to (c,d]$ に拡張しても，全単射で，同相写像である．写像 $h : (a,b] \to [a,b)$ を，$x \in (a,b]$ に対して，

$$h(x) = a + b - x$$

で定義すると，これも全単射で，連続写像であり，その逆写像も連続写像となる．つまり，h も同相写像である．上の問題 3.12 より，$(c,d]$ と $[a,b)$ も同相である．

(4) 開区間 (a,b) と $(-\pi/2, \pi/2)$ とは，上の (1) で同相であることを示したので，$(-\pi/2, \pi/2)$ と $\mathbb{R}^1$ の間の同相写像を与える．関数 $f : (-\pi/2, \pi/2) \to \mathbb{R}^1$ を，

$$f(x) = \tan x$$

と定義すると，f は全単射であること，連続であること，および逆写像が連続であることは容易に確かめられる．

(5) 半開区間 $(a,b]$ と $(-\pi/2, 0]$，$(-\pi/2, 0]$ と $[0, -\pi/2)$ がそれぞれ同相であることを上の (3) で示したので，$(-\pi/2, 0]$ と $(-\infty, 0]$ の間の同相写像を与えれば十分である．これは，例えば，上の (4) の関数 f で与えられる．

3.3 節　開基・可算公理

3.14 (95p.) 〔⇒ の証明〕 定義より，$\boldsymbol{B}^* \subset \boldsymbol{O}(Y)$ であるから，f が連続写像ならば，定理 3.4 により，$\forall U \in \boldsymbol{B}^*$ について，$f^{-1}(U) \in \boldsymbol{O}(X)$ である．

〔⇐ の証明〕 $\forall U \in \boldsymbol{O}(Y)$ に対して，開基の定義より，$\exists \boldsymbol{Bo}^* \subset \boldsymbol{B}^* (U = \bigcup \boldsymbol{Bo}^*)$ が成立する．仮定から，$\forall V_\lambda \in \boldsymbol{Bo}^*$ について，$f^{-1}(V_\lambda) \in \boldsymbol{O}(X)$ であるから，定理 1.10 (3) と位相の公理 [O3] より，

$$f^{-1}(U) = \bigcup f^{-1}(V_\lambda) \in \boldsymbol{O}(X)$$

が成り立つ．よって，定理 3.4 より，f は連続写像である．

3.15 (98p.) 写像 f が点 x で連続であることの定義と，基本近傍系の定義より明らかであるが，一応，証明を書いておく．

〔⇒ の証明〕 $\boldsymbol{N}^*(f(x)) \subset \boldsymbol{N}(f(x))$ であるから，$\forall U \in \boldsymbol{N}^*(f(x))$ に対しても，$W \in \boldsymbol{N}(x)$ が存在して，$f(W) \subset U$ を満たす．基本近傍系の定義より，$V \in \boldsymbol{N}^*(x)$ が存在して，$V \subset W$ を満たす．このとき，$f(V) \subset f(W) \subset U$ である．

〔⇐ の証明〕 $\forall W \in \boldsymbol{N}(f(x))$ に対して，基本近傍系の定義より，$U \in \boldsymbol{N}^*(f(x))$ が存在して，$U \subset W$ を満たす．仮定より，$V \in \boldsymbol{N}^*(x) \subset \boldsymbol{N}(x)$ が存在して，$f(V) \subset U \subset W$ を満たす．これは，f が点 x で連続であることを示す．

3.16 (98p.) 次が成り立つ：

$$\forall W \in \boldsymbol{N}(x),\ \exists V \in \boldsymbol{No}(x)(x \in V \subset W)$$

（実際，$V = W^i$ とすればよい．）命題 3.2 より，次が成り立つ：

$$\exists U \in \boldsymbol{B}(x \in U \subset V)$$

すなわち，$U \in \boldsymbol{N}^*(x)$ である．よって，$\boldsymbol{N}^*(x)$ は基本近傍系である．

3.17 (99p.) 〔⇒ の証明〕 $\forall U \in \boldsymbol{O}, U \neq \varnothing$，について，点 $x \in U$ を任意に選ぶと，$x \in A^a$ だから，閉包の定義より，$A \cap U \neq \varnothing$ が成り立つ．

〔⇐ の証明〕 $\forall x \in X$ と，$\forall U \in \boldsymbol{No}(x)$ について，条件より，$A \cap U \neq \varnothing$ である．これは，$x \in A^a$ であることを示す．よって，$A^a = X$ であり，A は稠密である．

3.18 (100p.) 有理点の全体 $\mathbb{Q}^n$ が可算集合であることは，ここでは証明しない．集合論の入門書（例えば，拙著『集合と位相への入門』の第 2 章）を参照されたい．

$\forall x = (x^1, x^2, \cdots, x^n) \in \mathbb{R}^n$ と $\forall U \in \boldsymbol{No}(x)$ について，次が成り立つ：

$$\exists \varepsilon > 0 \, (x \in N(x;\varepsilon) \subset U)$$

有理数の稠密性から，有理点 $y \in \mathbb{Q}^n$ を $y \in N(x;\varepsilon)$ となるように選ぶことができる．実際，点 x の各座標 $x_i \, (i = 1, 2, \cdots, n)$ ごとに，有理数 y_i を $|y_i - x_i| < \varepsilon/\sqrt{n}$ となるように選ぶと，有理点 $y = (y_1, y_2, \cdots, y_n)$ が得られ，$d(x, y) < \varepsilon$ である．よって，

$$\mathbb{Q}^n \cap U \supset \mathbb{Q}^n \cap N(x;\varepsilon) \neq \varnothing$$

が成り立つ．これは，$x \in (\mathbb{Q}^n)^a$ であることを示す．$x \in \mathbb{R}^n$ は任意であったから，$(\mathbb{Q}^n)^a = \mathbb{R}^n$ である．

なお，$\mathbb{R}^n$ は第 2 可算公理を満たす．これを示すためには，有理点 $y \in \mathbb{Q}^n$ を中心とする半径が有理数 r の開球体 $N(y;r)$ の全体が，ユークリッドの距離位相の開基となることを確かめるとよい．

3.19 (101p.) (1) $\forall (x, y) \in X_1 \times X_2$ に対して，$\exists U \in \boldsymbol{No}(x), \exists V \in \boldsymbol{No}(y)$. このとき，$(x, y) \in U \times V \in \boldsymbol{B}^\times$ である．

(2) $\forall U_1 \times V_1, U_2 \times V_2 \in \boldsymbol{B}^\times$ について，

$$(x, y) \in (U_1 \times V_1) \cap (U_2 \times V_2) = (U_1 \cap U_2) \times (V_1 \cap V_2)$$

が成り立ち，$U_1 \cap U_2 \in \boldsymbol{O}_1, V_1 \cap V_2 \in \boldsymbol{O}_2$ である．

3.20 (104p.) 〔$(A_1 \times A_2)^i \subset A_1^i \times A_2^i$ の証明〕

$$\begin{aligned} & (x_1, x_2) \in (A_1 \times A_2)^i \\ \Leftrightarrow \quad & \exists\, W \in \boldsymbol{No}((x_1, x_2))(W \subset A_1 \times A_2) \\ \Rightarrow \quad & \exists\, U_1 \in \boldsymbol{O}_1, \exists\, U_2 \in \boldsymbol{O}_2((x_1, x_2) \in U_1 \times U_2 \subset W) \end{aligned}$$

このとき，$U_1 \subset A_1, U_2 \subset A_2$ だから，$x_1 \in A_1^i, x_2 \in A_2^i$ が成り立ち，$(x_1, x_2) \in A_1^i \times A_2^i$ となる．

〔$(A_1 \times A_2)^i \supset A_1^i \times A_2^i$ の証明〕

$$
\begin{aligned}
& (x_1, x_2) \in A_1^i \times A_2^i \\
& \Leftrightarrow \quad x_1 \in A_1^i \wedge x_2 \in A_2^i \\
& \Leftrightarrow \quad \exists\, U_1 \in \boldsymbol{O}_1, \exists\, U_2 \in \boldsymbol{O}_2 (x_1 \in U_1 \subset A_1, x_2 \in U_2 \subset A_2)
\end{aligned}
$$

このとき，$U_1 \times U_2 \subset A_1 \times A_2$ で，$U_1 \times U_2 \in \boldsymbol{No}((x_1, x_2))$ であるから，$(x_1, x_2) \in (A_1 \times A_2)^i$ である．

3.21 (105p.) ここで，直積集合 $X \times X$ 上の距離として，問題 2.4 (2) でとりあげた距離関数 d_2 を使用する．例題 3.10 と問題 3.9 により，この d_2 に関して連続であることを証明する．

さて，任意の 2 点 $(x, y), (x', y') \in X \times X$ について，三角不等式

$$
d(x, y) - d(x', y) \leqq d(x, x'), \quad d(x', y') - d(x', y) \leqq d(y, y')
$$

が成り立つ．2 点間の距離が負にならないことを考慮すると，これらの不等式から，

$$
\begin{aligned}
|(d(x, y) - d(x', y)) - (d(x', y') - d(x', y))| &= |d(x, y) - d(x', y')| \\
&\leqq d(x, x') + d(y, y')
\end{aligned}
$$

が得られる．

関数 $d : X \times X \to \mathbb{R}^1$ が任意の点 $(a, b) \in X \times X$ で連続であることを証明する．$\forall \varepsilon > 0$ に対して，$\delta = \varepsilon$ とおくと，$\forall (x, y) \in X \times X$ について，

$$
\begin{aligned}
& d_2((x, y), (a, b)) = d(x, a) + d(y, b) < \delta (= \varepsilon) \\
& \Rightarrow |d(x, y) - d(a, b)| \leqq d(x, a) + d(y, b) < \varepsilon
\end{aligned}
$$

3.22 (105p.) 省略

3.4 節　分離公理

3.23 (107p.) $\forall a, b \in A\, (a \neq b)$ について，仮定から，$\exists\, U \in \boldsymbol{No}(a) (U \not\ni b)$ が成立する．ところが，$A \cap U \not\ni a$ は a の $(A, \boldsymbol{O}(A))$ における開近傍であり，$A \cap U \not\ni b$ である．

3.24 (107p.) $\forall (x, y), (x', y') \in X \times Y ((x, y) \neq (x', y'))$ に対して，仮定から，

$$
\begin{aligned}
x \neq x' \quad &\Rightarrow \quad \exists\, U \in \boldsymbol{No}(x) (U \not\ni x'), \\
y \neq y' \quad &\Rightarrow \quad \exists\, V \in \boldsymbol{No}(y) (V \not\ni y')
\end{aligned}
$$

が成り立つ．$(x, y) \neq (x', y')$ より，$x \neq x'$ または $y \neq y'$ である．

$x \neq x'$ のとき，$\forall W \in \boldsymbol{No}(y)$ について，$U \times W \in \boldsymbol{No}((x, y)), U \times W \not\ni (x', y')$,

$y \neq y'$ のとき，$\forall W \in \boldsymbol{No}(x)$ について，$W \times V \in \boldsymbol{No}((x,y)), W \times V \not\ni (x',y')$ が得られる．よって，直積空間 $X \times Y$ も $\boldsymbol{T}_1$-空間である．

3.25 (107p.) $\forall a,b \in A(a \neq b)$ について，仮定から，

$$\exists\, U \in \boldsymbol{No}(a), \quad \exists\, V \in \boldsymbol{No}(b)(U \cap V = \varnothing)$$

が成り立つが，$A \cap U \ni a, A \cap V \ni b$ は，それぞれ a,b の開近傍であり，

$$(A \cap U) \cap (A \cap V) = A \cap (U \cap V) = \varnothing$$

である．

3.26 (107p.) $\forall (x,y),(x',y') \in X \times Y((x,y) \neq (x',y'))$ に対して，仮定から，

$$x \neq x' \quad \Rightarrow \quad \exists\, U \in \boldsymbol{No}(x), \exists\, U' \in \boldsymbol{No}(x')(U \cap U' = \varnothing),$$

$$y \neq y' \quad \Rightarrow \quad \exists\, V \in \boldsymbol{No}(y), \exists\, V' \in \boldsymbol{No}(y')(V \cap V' = \varnothing)$$

が成り立つ．$(x,y) \neq (x',y')$ より，$x \neq x'$ または $y \neq y'$ である．

$x \neq x'$ のとき，$\forall S \in \boldsymbol{No}(y), \forall T \in \boldsymbol{No}(y')$ について，

$$\begin{aligned} &U \times S \in \boldsymbol{No}((x,y)),\\ &U' \times T \in \boldsymbol{No}((x',y')),\\ &(U \times S) \cap (U' \times T) = (U \cap U') \times (S \cap T)\\ &\qquad\qquad\qquad\qquad\quad = \varnothing \times (S \cap T) = \varnothing. \end{aligned}$$

$y \neq y'$ のとき，$\forall S \in \boldsymbol{No}(x), \forall T \in \boldsymbol{No}(x')$ について，

$$\begin{aligned} &S \times V \in \boldsymbol{No}((x,y)),\\ &T \times V' \in \boldsymbol{No}((x',y')),\\ &(S \times V) \cap T \times V') = (S \cap T) \times (V \cap V')\\ &\qquad\qquad\qquad\qquad\quad = (S \cap T) \times \varnothing = \varnothing. \end{aligned}$$

が得られる．よって，$X \times Y$ も $\boldsymbol{T}_2$-空間である．

3.27 (109p.) 問題 3.23 より，$(A, \boldsymbol{O}(A))$ は $\boldsymbol{T}_1$-分離公理を満たすから，$\boldsymbol{T}_3$-分離公理を満たすことを証明すれば十分である．

$B \subset A$ を閉集合とし，$a \in A - B$ とする．相対位相の定義から，閉集合 $F \subset X$ が存在して，$A \cap F = B$ となる．このとき，明らかに，$a \in A - F$ である．仮定から，

$$\exists\, U \in \boldsymbol{O}, \exists\, V \in \boldsymbol{O}\,(a \in U, F \subset V, U \cap V = \varnothing)$$

が成り立つ．

$$a \in U \cap A \in \boldsymbol{O}(A),$$

$$B \subset F \cap A \subset V \cap A \in \boldsymbol{O}(A),$$

$$(U \cap A) \cap (V \cap A) = (U \cap V) \cap A = \varnothing$$

であるから，a と B は $(A, \boldsymbol{O}(A))$ で開集合により分離された．

3.28 (109p.) 問題 3.24 より，$(X \times Y, \boldsymbol{O}(X) \times \boldsymbol{O}(Y))$ は $\boldsymbol{T}_1$-分離公理を満たすから，$\boldsymbol{T}'_3$-分離公理を満たすことを証明すれば十分である．

点 $(x, y) \in X \times Y$ と開集合 $W \in \boldsymbol{O}(X) \times \boldsymbol{O}(Y), (x, y) \in W$ に対して，直積位相の定義から，次が成り立つ：

$$\exists W_x \in \boldsymbol{O}(X), \exists\, W_y \in \boldsymbol{O}(Y)((x, y) \in W_x \times W_y \subset W)$$

仮定より，$(X, \boldsymbol{O}(X)), (Y, \boldsymbol{O}(Y))$ は分離公理 $\boldsymbol{T}'_3$ を満たすから，次が成り立つ：

$$\exists\, U \in \boldsymbol{O}(X)(x \in U \subset U^a \subset W_x)$$

$$\exists\, V \in \boldsymbol{O}(Y)(y \in V \subset V^a \subset W_y)$$

例題 3.9 より，

$$(x, y) \in U \times V \subset U^a \times V^a \subset (U \times V)^a = U^a \times V^a \subset W_x \times W_y \subset W$$

が得られる．よって，$X \times Y$ は正則空間である．

3.29 (111p.) 定理 3.15 より，$(X, \boldsymbol{O})$ は正則空間であり，$\boldsymbol{T}_1$-分離公理を満たすから，$\boldsymbol{T}_4$-分離公理を満たすことを証明すれば十分である．

$B, C \subset A$ を閉集合で，$B \cap C = \varnothing$ であるとする．相対位相の定義から，X の閉集合 E, F が存在して，$B = E \cap A, C = F \cap A$ を満たす．いま，A は X の閉集合であるから，B と C はいずれも X の閉集合である．$\boldsymbol{T}_4$-分離公理より，

$$\exists\, U \in O, \exists\, V \in \boldsymbol{O}(U \supset B, V \supset C, U \cap V = \varnothing)$$

が成り立つ．$U_A = U \cap A \in \boldsymbol{O}(A), V_A = V \cap A \in \boldsymbol{O}(A)$ であり，

$$U_A \supset B, V_A \supset C, U_A \cap V_A = (U \cap A) \cap (V \cap A)$$

$$= (U \cap V) \cap A = \varnothing$$

である．よって，$(A, \boldsymbol{O}(A))$ も $\boldsymbol{T}_4$-分離公理を満たす．

3.5 節　位相空間のコンパクト性

3.30 (116p.) 定理 3.19 から，A, B はともに X の閉集合である．したがって，$A \cap B$ は X の閉集合である．A がコンパクトで $A \cap B \subset A$ だから，命題 3.6 より，$A \cap B$ もコンパクトである．

3.6 節　位相空間の連結性

3.31 (121p.) 対偶を証明する．

A は $(X, \boldsymbol{O})$ の部分集合として連結でない

$$\Leftrightarrow \exists U, V \in \boldsymbol{O}(U \cup V \supset A,\ U \cap V = \varnothing,\ U \cap A \neq \varnothing \neq V \cap A)$$

ここで，$U' = U \cap B,\ V' = V \cap B$ とおくと，$U', V' \in \boldsymbol{O}(B)$.

$A \supset B$ に注意すると，

$$U' \cup V' = (U \cap B) \cup (V \cap B) = (U \cup V) \cap B \supset A,$$
$$U' \cap V' = (U \cap B) \cap (V \cap B) = (U \cap V) \cap B = \varnothing,$$
$$U' \cap A = (U \cap B) \cap A = U \cap A \neq \varnothing,$$
$$V' \cap A = (V \cap B) \cap A = V \cap A \neq \varnothing.$$

よって，A は $(B, \boldsymbol{O}(B))$ の部分集合としても連結でない.

3.7 節　位相空間の局所的性質

3.32 (128p.) 〔$\Rightarrow$ の証明〕 点 $(x, y) \in X \times Y$ に対して，$x \in X$ のコンパクト近傍 U と，$y \in Y$ のコンパクト近傍 V が存在して，$x \in U^i \subset U, y \in V^i \subset V$ を満たす．このとき，$(x, y) \in U^i \times V^i \subset U \times V$ が成り立ち，定理 3.18 より，$U \times V$ は (x, y) のコンパクト近傍である．よって，直積空間 $X \times Y$ は局所コンパクトである.

〔$\Leftarrow$ の証明〕 定理 3.7 より，射影 $p : X \times Y \to X, q : X \times Y \to Y$ は連続で開写像である．点 $x \in X$ に対して，1 点 $(x, y) \in p^{-1}(x) \subset X \times Y$ を選ぶと，仮定から，(x, y) のコンパクト近傍 U が存在する．このとき，$(x, y) \in U^i$ で，$p(U^i) \in \boldsymbol{O}(X)$ である．よって，$x \in p(U^i) \subset (p(U))^i \subset p(U)$ であり，定理 3.17 より，$p(U)$ は x のコンパクト近傍である．したがって，$(X, \boldsymbol{O}(X))$ は局所コンパクトである.

$(Y, \boldsymbol{O}(Y))$ についても同様に証明される.

3.33 (130p.) 〔$\Rightarrow$ の証明〕 $\forall (x, y) \in X \times Y$ 対して，$x \in X$ の連結近傍 U と，y の連結近傍 V が存在して，$x \in U^i \subset U$，$y \in V^i \subset V$ を満たす．このとき，$(x, y) \in U^i \times V^i \subset U \times V$ が成り立ち，定理 3.26 より，$U \times V(x, y)$ の連結近傍である．よって，直積空間 $X \times Y$ は局所連結である.

〔$\Leftarrow$ の証明〕 定理 3.7 より，射影 $p : X \times Y \to X, q : X \times Y \to Y$ は連続で開写像である．点 $x \in X$ に対して，1 点 $(x, y) \in p^{-1}(x) \subset X \times Y$ を選ぶと，仮定から，(x, y) の連結近傍 U が存在する．このとき，$(x, y) \in U^i$ で，$p(U^i) \in \boldsymbol{O}(X)$ である．よって，$x \in p(U^i) \subset (p(U))^i \subset p(U)$ であり，定理 3.24 より，$p(U)$ は x の連結近傍である．したがって，$(X, \boldsymbol{O}(X))$ は局所連結である.

$(Y, \boldsymbol{O}(Y))$ についても同様である.

参考文献

本書の第1章の基礎事項については，微分積分学の入門書のほかに，次のような本を参考にされたい．

[1] 鈴木 晋一：集合と位相への入門—ユークリッド空間の位相—，サイエンス社，2003.
[2] 内田 伏一：位相入門，裳華房，1997.
[3] 一樂 重雄 (監修)：集合と位相，そのまま使える答えの書き方，講談社，2001.

[2], [3] は，基礎事項だけでなく，距離空間・位相空間も含む入門書である．

以下は，位相空間に関する標準的な教科書として定評があるもので，本書の内容を含んでいる．また，本書の執筆に際して参考にさせていただいた．内容には著者の好みにより若干の差がみられるが，読者も好みにより1冊を参考にされるとよい．

[4] 静間 良次：位相，サイエンス社，1975.
[5] 小林 貞一：集合と位相，培風館，1977.
[6] 青木 利夫・高橋 涉：集合・位相空間要論，培風館，1979.
[7] 加藤 十吉：集合と位相，朝倉書店，1982.
[8] 内田 伏一：集合と位相，裳華房，1986.
[9] 鎌田 正良：集合と位相，近代科学社，1989.
[10] 三村 護・吉岡 巌：位相空間論，培風館，1991.
[11] 三村 護・吉岡 巌：位相数学入門，培風館，1995.

また，上記の本とは違ったタイプの入門書として，次の2冊を挙げておく．

[12] 志賀 浩二：位相への30講：朝倉書店，1988.
[13] 瀬山 士郎：なっとくする集合・位相：講談社，2001.

索　引

さ 行

た 行

ら 行

わ 行

欧 字

著者略歴

鈴木晋一
すずき しんいち

1965年　早稲田大学理工学部卒業
現　在　早稲田大学名誉教授
　　　　公益財団法人数学オリンピック財団元理事長
　　　　理学博士

主要著訳書

集合と位相への入門
曲面の線形トポロジー 上・下
結び目理論入門
幾何の世界
グラフ理論入門（訳）

サイエンスライブラリ　**数　学＝31**

位相入門
—距離空間と位相空間—

2004年 9月25日 ©　　初版発行
2024年 4月25日　　初版第7刷発行

著者　鈴木晋一　　発行者　森平敏孝
　　　　　　　　　印刷者　山岡影光
　　　　　　　　　製本者　松島克幸

発行所　**株式会社 サイエンス社**
〒151–0051　東京都渋谷区千駄ヶ谷1丁目3番25号
営業 ☎（03）5474–8500（代）　振替 00170–7–2387
編集 ☎（03）5474–8600（代）
FAX ☎（03）5474–8900

印刷　三美印刷（株）　　製本　松島製本（有）

《検印省略》

ISBN4-7819-1074-2

PRINTED IN JAPAN

サイエンス社のホームページのご案内
http://www.saiensu.co.jp
ご意見・ご要望は
rikei@saiensu.co.jp まで．